JN117901

技能検定 **1・2**級

機械保全の
学科例題
問題集
機械編

はじめに

　本書は、国家試験である技能検定の機械保全職種の機械系作業の学科受検者の学習のための問題集です。

　過去の出題問題から著者が「重要」だと思われる問題を特に選んで解説しております。「重要」の基準は、繰り返し出題される確率が高く、今後も出題されるであろうということです。平成 23 年から令和元年までに出題された試験問題の中から選んで収録しています。

　本書では、1 級・2 級を「出題基準・細目」ごとに分けれ編集しており、企業・学校での講習や独学でも学習をスムーズに行うことができます。

　参考書「機械保全の合格対策　機械編」や「機械保全過去問題集」と併用して学習していただくとことで合格にお役立てできればと思います、

　実技試験向けの「機械実技トレーニング」・「機械実技の教科書」も出版しておりますので、実技試験も受検される方はご使用していただければ幸いです。

令和 2 年 5 月

機械保全研究委員会

目　次

はじめに・・・・・・・・・2

目　次・・・・・・・・・3

技能検定の受検要項・・・・5

【1級例題問題】

（真偽法編）

1．機械一般・・・・・・・8

2．電気一般・・・・・・・14

3．機械保全法・・・・・・25

4．材料一般・・・・・・・40

5．安全・衛生・・・・・・44

（択一法編）

1．機械要素・・・・・・・50

2．機械の点検・・・・・・63

3．異常の発見と原因・・・76

4．対応措置・・・・・・・81

5．潤滑・給油・・・・・・91

6．機械工作法・・・・・・99

7．非破壊検査法・・・・・109

8．油圧・空気圧・・・・・117

9．非金属および表面処理・・137

10．力学および材料力学・・・143

11．図示法・記号・・・・・152

1級解答・・・・・・・・・158

3

【2級例題問題】

（真偽法編）

1．機械一般・・・・・・・162

2．電気一般・・・・・・・173

3．機械保全法・・・・・・185

4．材料一般・・・・・・・201

5．安全・衛生・・・・・・209

（択一法編）

1．機械要素・・・・・・・216

2．機械の点検・・・・・・236

3．異常の発見と原因・・・242

4．対応措置・・・・・・・251

5．潤滑・給油・・・・・・257

6．機械工作法・・・・・・271

7．非破壊検査法・・・・・276

8．油圧・空気圧・・・・・283

9．非金属および表面処理・・308

10．力学および材料力学・・・313

11．図示法・記号・・・・・322

2級解答・・・・・・・・・327

技能検定の受検要項

1 技能検定制度とは

　技能検定は、「働く人々の有する技能を一定の基準により検定し、国として証明する国家検定制度」です。技能検定は、技能に対する社会一般の評価を高め、働く人々の技能と地位の向上を図ることを目的として、職業能力開発促進法に基づき実施されています。

　技能検定は昭和34年に実施されて以来、年々内容の充実を図り、平成31年4月現在111職種について実施されています。技能検定の合格者は平成30年度までに453万人を超え、確かな技能の証として各職場において高く評価されています。

2 技能検定の等級

　技能検定には、現在、特級、1級、2級、3級に区分するもの、単一等級として等級を区分しないものがあります。それぞれの試験の程度は次のとおりです。

　　特　　　　　　級・・・管理者または監督者が通常有すべき技能の程度
　　1級、単一等級・・・上級技能者が通常有すべき技能の程度
　　2　　　　　　級・・・中級技能者が通常有すべき技能の程度
　　3　　　　　　級・・・初級技能者が通常有すべき技能の程度

　技能検定の合格者には、厚生労働大臣名（特級、1級、単一等級）または、都道府県名（2、3級）の合格証書が交付され、技能士と称することができます。また、技能検定合格者には、他の国家試験を受検する際に特典が認められる場合があります。

3 技能検定試験の内容

　技能検定は、国（厚生労働省）が定めた実施計画に基づいて、試験問題等の作成については、中央職業能力開発協会が試験の実施については各都道府県がそれぞれ行うこととされています。技能検定では、「技能検定試験の基準およびその細目」が職種別、等級別に定められ、それぞれに要求される技能についての実技試験および学科試験の範囲と程度が具体的に規定されています。

　学科試験は、職種（差作業）、等級ごとに全国統一して行われますが、実技試験は都道府県により違います。

　合格基準は、100点を満点として、実技試験は60点以上、学科試験は65点以上です。実技試験は、試験日に先立って課題が公表されます。受検資格は、原則として実務経験が必要ですが、その期間は学歴や職業訓練歴により異なります。また、一定の資格や能力を持つ方については、学科または実技試験が免除される場合もあります。

4 技能検定の実施と手続き

　試験は、職種により前期と後期に分かれて全国的に行われますが、「機械保全」職種は、3級が前期に行い、1・2級は後期に行われています。

　詳しくは、国家検定 機械保全技能検定（http://www.kikaihozenshi.jp）または日本プラントメンテナンス協会 機械保全技能検定事務局（TEL 03-5288-5003）にお問い合わせください。

1級
例題問題 Q&A
（真偽法編）

1．機械一般
2．電気一般
3．機械保全法
4．材料一般
5．安全・衛生

1. 機械一般

【問題1】 普通旋盤の機械の大きさはベッド上の振り、センタ間距離および往復台上の振りで表す。

【解説1】 旋盤とは、工作物を主軸側に取り付け、これを回転させながら刃物を取り付けた刃物台を手動または自動送りによって、縦方向あるいは横方向に移動させて切削加工を行う工作機械である。

　一般に、旋盤の大きさは振り（スイングという）は、両センタ間の最大距離で表す。

　普通旋盤（**図1-1**）は、旋盤のうち、最も基本的な形式のもので、設備台数の多い機械である。旋盤の大きさの表示は、**表1-1**に示す通りである。

図1-1　普通旋盤

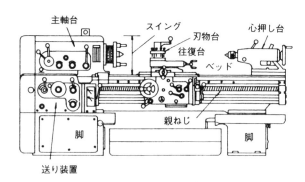

表 1-1　旋盤の大きさの表し方

種　類	大きさの表し方
普通旋盤 ならい旋盤	ベッド上のスイング（振り）、両センタ間の最大距離および往復台上のスイング
タレット旋盤	ベッド上のスイング、往復台上のスイング、主軸端面とタレット面間の距離、タレット台の最大移動距離および棒材工作物の最大径または主軸貫通穴径
自動旋盤	工作物の最大径および最大長さ
立旋盤	スイング、テーブル直径、テーブル上面と刃物台下端との最大距離および刃物台の上下移動距離
正面旋盤	ベッド上のスイング、または面板の直径および面板より往復台までの最大距離

【問題２】形削り盤は、刃物を直線往復運動をさせて平面削りやねじ切りを行う工作機械である。

【解説２】形削り盤とは、比較的小型部品の平面削りや溝加工を行うもので、刃物が直線往復運動を行い、工作物は横方向の送りで切削を行う。大きさは、ラムの最大切削行程、テーブルの移動距離、テーブルの大きさなどで表す。加工は、水平削り、垂直削り、側面削り、広幅溝削り、角度削り、歯削りなど。ねじの加工はできない。（図 1-2）

図 1-2　形削り盤の構造

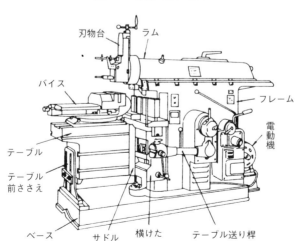

【問題３】 平削り盤（プレーナ）の早戻り機構は、送りに油圧を利用しているものは油量を変えてから行う。

【解説３】 平削り盤（プレーナ）とは、工作物に垂直往復運動を与えて加工する工作機械である。門形と片持形があり、形削り盤では切削できない比較的大型部品の平面切削に用いられる。**図 1-3** に門形平削り盤を示す。

図 1-3　門形平削り盤（プレーナ）

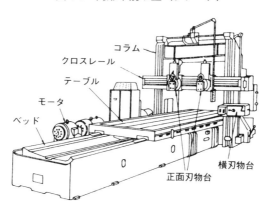

　テーブル送り機構には、
①ラックとピニオンによるもの
②ねじによるもの
③油圧を利用したもの
がある。
　早戻り機構は①、②の機構で交流電動機を使用している場合は、ベルト車を使用し、直流電動機直結の場合には電動機自体の回転を速くして行う。③の機構の場合には油量を変えて行う。平削り盤の大きさは、テーブルの最大行程と、工作物の最大高さ、幅で表す。

【問題4】 放電加工機でアルミニウムの工作物は、加工できない。

【解説4】 放電加工は放電現象を利用して加工するもので、電気絶縁材料の加工はできない。一方アルミニウムの性質は、電気や熱を非常によく伝導するものである。**図1-4** に放電加工の原理を示す。

図1-4　放電加工の原理

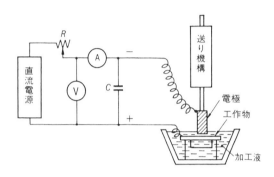

【問題5】 レーザ加工機は、レーザビームを被加工物表面に照射して、穴あけ、切断、溶接などを行う機械である。

【解説5】 レーザ加工の概略を説明する。

　レーザ加工に使用されるレーザ光は、単色性、可干渉性、指向性および大出力特性に優れており、適当なレンズ系を通して加工物に集光照射すると、穴あけ、切断、溶接、表面処理などの加工ができる。レーザ加工機の基本構成と加工パラメータを**図1-5** に示す。真空を必要とせず、ビームの操作や伝送が容易であり、また絶縁物でも容易に加工できるなどの利点があり、極めてフレキシビリティーの高い加工法である。

　主な加工用レーザと特徴は**表1-2** の通りで CO_2 レーザと YAG レーザが最も多く利用されている。

　CO_2 レーザは大出力の連続発振が可能で鋼板を主体に金属板の切断に多用され、歯車やハウジングの溶接や表面焼入れにも実用化されつつある。

　YAG レーザは、直径 1 mm 以下のダイヤモンドダイス、時計用軸受、セ

ラミック基板などの穴あけ、電子部品のスクライビングやトリミング、リレー接点やリード線の点溶接、気密ケースのシーム溶接など、主として小寸法形状部品の微細加工に応用されている。最近、短波長で光化学作用の大きいエキシマレーザが LSI 用リソグラフィーや高機能薄膜の新しい形成手段として期待される。

図1-5　レーザ加工機の基本構成と条件因子

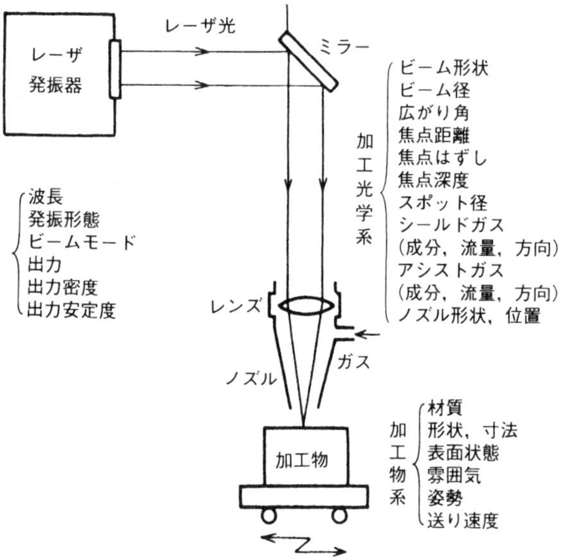

表1-2　加工用レーザの種類

レーザの種類		波長（μm）	出力レンジ		加工応用例
個体レーザ	ルビー	0.69	パルス	0.5 mJ 〜 400 J	穴あけ、バランシング
	ガラス	1.06	パルス	1 mJ 〜 100 J	穴あけ
	YAG	1.06	パルス CW	0.1 mJ 〜 100 J 0.1 W 〜 1 kW	穴あけ、溶接、マーキング、トリミング、アニーリング
	アレキサンドライト	0.73 〜 0.78	パルス	〜1 J	穴あけ、アニーリング
気体レーザ	CO₂	10.6	パルス CW	0.2 mJ 〜 10 kJ 1 W 〜 20 kW	穴あけ、切断、溶接、表面処理
	Ar イオン	0.35 〜 0.51	CW	5 mW 〜 40 W	アニーリング、エッチング、めっき
	エキシマ	0.19 〜 0.78	パルス	5 mJ 〜 3 J	微細加工、表面処理、エッチング、製版

【問題６】ウォータジェット加工機とは、水を高圧でノズルから噴射させて加工を行う工作機械である。

【解説６】相手の材質に関わりなく、広範囲の加工が行える。特に木材加工にはよく使われる。

2. 電気一般

【問題1】 電流によって単位時間当たりに発生する熱量は、導体の「抵抗」及び「電流の2乗」に比例する。

【解説1】 電流の2乗に比例するのが正しい。

【問題2】 三相交流回路において、力率80%の負荷に200Vの電圧を加えたら、4kWの電力を消費した。この負荷に流れた電流は、25Aである。

【解説2】 三相交流回路の電力PはP＝$\sqrt{3}$ V I cos ϕ で表される。ただし、V＝線間電圧、I＝線電流、cos ϕ＝力率とする。設問の電流25［A］は、単相の場合である。

VI cos ϕ ＝ 4.0［kW］

$200 \times 25 \times 0.8 = 4000$（W）

【問題3】 周波数60Hz、極数6の三相誘導電動機がすべり4％で運転している時の回転数は、1,152min⁻¹である。

【解説3】 本問の電動機の回転数（N_0）は、周波数（f）と電動機の極数（p）との間に次の式が成り立つ。

$$N_0（rpm）＝\frac{120 \times f}{P} \quad \cdots\cdots\cdots\cdots（1）$$

さらに、電動機にはすべり（ε）があるので、実際の回転数は式（1）で求めた値より小さくなる。すなわち、実際の回転数（N）は式（1）で求めた回転数（N_0）で次のように求める。

$$N（rpm）＝N_0（1－\varepsilon）\quad\cdots\cdots\cdots\cdots（2）$$

ただし、ε はすべり率である。

式（1）と（2）から、

$$N＝\frac{120f}{P}（1－\varepsilon）$$

を得る。題意の値を入れると、

$$N＝\frac{120 \times 60}{6}（1－0.04）$$
$$＝1152（rpm）$$

を得る。したがって本文の説明は正しい。

【問題4】 三相誘導電動機のY－Δ始動では、始動トルクは直入れ始動時の3分の1になる。

【解説4】 三相誘導電動機の始動時の電流は、全負荷電流の4〜6倍も必要で、3.7kw 未満の小容量の場合は、直入れ始動でもよいが、それ以上の場合は、多大な始動電流により配電系統の電圧を著しく下げてしまうので、さまざまな始動法が行われている。Y－Δ（スターデルタ）始動法は、その代表的な方法で直入れ始動の3分の1になる。

図2-1のように、切り換えスイッチSを始動側に閉じて、固定子巻線をY結線として始動し、始動電流の減少とともに運転側に切り換え、Δ結線にして運転する方法である。

図 2-1　Ｙ－Δ始動法

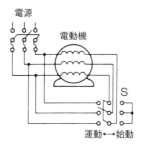

〔類問〕スターデルタ始動法とは、かご型電動機の起動時に始動電圧を高くして起動トルクを上げるために使用される方法である。【解答×】

【問題5】誘導電動機の速度制御に使用されるインバータは、商用電源をコンバータ部で整流して直流電源を作り、インバータ部で任意の交流に変換するものである。

【解説5】交流モータの場合、その速度制御の方法にはいろいろある。図2-2 にその種類を示す。

図 2-2　モータの種類別速度制御方式

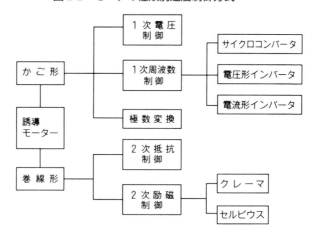

　インバータ制御というのはモータに流れる交流電源をコンバータ部で直流に変換したあと、インバータ部で直流を可変周波数の交流に逆変換し、これによって速度制御する方式である。（**図 2-3**）

図 2-3　インバータの基本構成

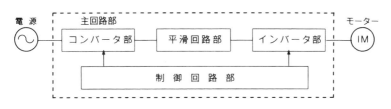

【問題6】ウェット型ソレノイドバルブは、ドライ型ソレノイドバルブに対して作動の信頼性が高く、故障率が小さく耐用寿命が長い。

【解説6】ソレノイドバルブ（電磁弁）とは、電磁操作弁および電磁パイロット切換弁を総称したものである。切換弁の片側または両面にソレノイド（電磁石）を設け、電気信号のオン・オフにより交互に通電励磁して電磁石を作動させ、直接または間接的にスプールを駆動し、油の流れの方向を切り換える。

　可動鉄心が大気中で作動するドライ型は、水や油が進入して錆や絶縁不良を起すことがある。信頼性のあるウェット型はこれを改善したものである。

【問題7】三相誘導電動機において、電源からの3本の線のうち、2本を入れ換えて結線することにより、回転方向を逆にできる。

【解説7】三相誘導電動機の逆転法は、**図 2-4** のように回転子に入れる3線のうち、任意の2線を入れ替えるとよい。このようにすると、回転子によって作られる回転磁界の向きが反対となり、電動機を逆転できる。

図2-4

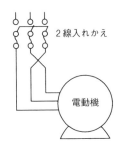

【問題8】 正弦波交流において1サイクルに要する時間を周波数という。

【解説8】 周波数とは1秒間における波の変動回数である。最近まで単位はサイクル毎秒（c/s）を用いていたが、現在はHz（ヘルツ）を用いる。応答が周波数によって変化することを、周波数応答といい、回路や機器の入力や出力における電圧・電流の変化を周波数特性という。

【問題9】 実効値100 Vの正弦波交流の最大値は、125 Vである。

【解説9】 交流の大きさは時々刻々変化するもので、平均すればゼロ（0）になる。したがって交流の大きさを表すのに実効値を用いる。

　実効値とは「ある一定の抵抗に交流を通したときに発生する熱量が、直流を通したときの熱量と等しくなる値」と決められている。

　実効値は $V = \sqrt{2} \times 100\cos\theta$ で表される。θ が0°のとき最大値は141 Vとなる。

【問題 10】誘導電動機の同期速度は次式で表される。

N s ＝ 120 × f ／ p

ただし　N s：同期速度　f：電源周波数　P：電動機の極数

【解説 10】誘導電動機は、原理上、回転子コイルが回転磁束を切って回転子に電流を流すため、回転子の回転速度 n は同期速度（回転磁界の回転数）n_0 より小さくなければならない。

　この回転の遅れの、同期速度に対する割合をすべり（slip）といい、これを s で表すと次のようになる。

$$s = \frac{n_0 - n}{n_0} \times 100 \, (\%) \, \cdots\cdots\cdots (1)$$

　この s の値は、$1 > s > 0$ の範囲で、s ＝ 1 は電動機の停止を意味し、s ＝ 0 は電動機が同期速度で回転することを意味するが、実際上、全負荷におけるその値は、小型の電動機で 5 ～ 10%、中・大型機で 3 ～ 6 % 程度である。すべり s は、負荷の変化に対してわずかずつ変化するため、負荷の変動によって回転数もわずかに変化する。

　なお、誘導電動機の回転式は式（1）から、

$$n = n_0 (1 - s) = \frac{120f}{P} \times (1 - s) \, \cdots\cdots\cdots (2)$$

となる。f：周波数　P：極数

【問題 11】低圧用のヒューズは、定常状態で定格電流の 1.35 倍の電流が流れても溶断しない。

【解説 11】ヒューズは、可溶体の金属でできており、過負荷や短絡の際に溶解または気化して回路を切断し、機器や電路を保護する。

　用途の上から高圧（電力）用ヒューズと低圧（配線）用ヒューズに分けられ、構造上からは包装ヒューズと非包装ヒューズに分類される。（図 2-5）

図 2-5

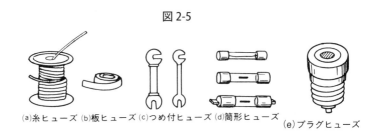

(a)糸ヒューズ (b)板ヒューズ (c)つめ付ヒューズ (d)筒形ヒューズ (e)プラグヒューズ

　非包装ヒューズは可溶金属を露出のまま使うもので、可溶体には亜鉛、すず、鉛などの合金が使われる。非包装ヒューズは遮断時にアークが露出するので配電盤には使用できない。

　包装ヒューズは可溶体には上記の低融合金のほか、銅または銀を使用し、これに容器を封入したものをいう。包装ヒューズには筒形ヒューズとプラグヒューズがある。

　筒形ヒューズは、形状は筒の材料は硬質ファイバ、磁器、ガラス、絶縁混和物が使われ、ヒューズが溶断する際、筒のために筒内の圧力が上昇し、遮断能力を高める。

　プラグヒューズは、ねじ込み式プラグの中にヒューズ筒をはめ込み、中に入れる可溶体には銀を用い消弧剤を封入したもので、多く使われている。

　また、電力ヒューズ（PF）は高圧回路の過電流や短絡電圧の遮断用として、遮断器などと組合せて用いられる。形状は放出形、引込み形、限流形などがあるが、限流ヒューズが最も一般的で、構造は筒形ヒューズとほとんど同じで、遮断容量は 500MVA 程度のものまであり、主に高圧受配電設備、変電所などに用いられる。

【問題12】電気回路の漏電を調べるには、絶縁抵抗を調べればよい。

【解説12】漏電は負荷以外の場所で電流が漏れることである。絶縁抵抗が低下すると漏電が発生するが、漏電遮断器で遮断されるのはアースに流れる漏電だけであるから漏電遮断器は万全ではなく、絶縁抵抗の低下には常に注意しなければならない。

【問題 13】 コンデンサの働きの一つには、交流電流を通し、直流電流を通さない働きがある。

【解説 13】 コンデンサの機能には次のようなものがある。
①高周波電流のバイパス用
②蓄電
③位相
④交流電流の伝達
　本問は④に該当し、回路間の交流電流分だけ伝達する。例えば**図 2-6** において、C_1 と C_2 は交流信号の伝達と直流電流の阻止の両方の目的をはたす働きをする。

図 2-6　コンデンサ使用の回路例

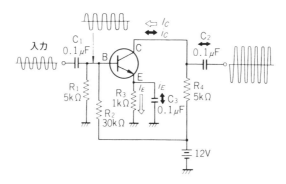

【問題 14】 ステッピングモータは、高精度位置決めを必要とする駆動用には適さない。

【解説 14】 ステッピングモータは、別名パルスモータとも呼ばれ、加えられたパルスの数に回転角度が比例するモータである。そのため、実際にどの程度回転したかを測定することなく回転角度がわかるため、最初の位置（原点）さえ明確であれば、回転角度センサなどを必要とせずにオープンループで位置決めすることができる。

　ステッピングモータの構造は**図 2-7** のようになっており、駆動方式には
ユニポーラ駆動とバイポーラ駆動があり、励磁方式には、①１相励磁②１
－２相励磁③２相励磁④２－４相励磁⑤４相励磁がある。

図 2-7　ステッピングモータの構造

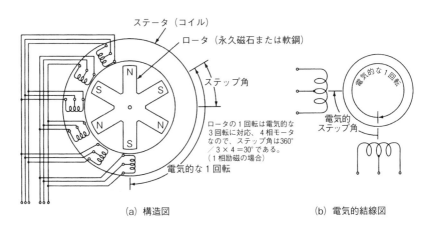

(a)　構造図　　　　　　　　　　　　　　(b)　電気的結線図

【問題 15】一定の電子が一定速度で放出される場合、速度と直角方向の電
界が加わるときの電子は、速度と電界の強さに比例しながら曲がる。

【解説 15】電子が一定のスピードで動いているところに、横から電界を加
えると、電子は、速度と電界の強さに応じて曲がっていく。（図 2-8）

図 2-8

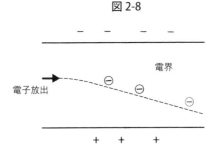

【問題16】直流電動機において、磁極を逆にすれば、回転方向を変えることができる。

【解説16】直流発電機の電機子に外部の直流電源から電圧を加え、**図2-9**のように電機子コイルに電流を流すと、フレミング左手の法則により矢印の方向にトルクが働く。また、電流の値を加減することで簡単に速度調整ができる。直流電動機は一種の可逆機械で、基本的に直流発電機の構造と全く同じである。

図2-9 直流電動機の原理

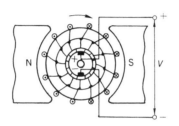

【問題17】周波数50Hzの交流電圧の周期は、20msである。

【解説17】周波数は交流波形が1秒間に何回繰返されるかを示す数で、単位は（回/s = Hz）で振動数と等しい。周期（T）は1波形進むのに必要な時間である。周期 = 1/周波数の関係から、

　　T = 1/50 = 0.02〔s〕

　　　0.02〔s〕= 20〔ms〕

　　となる。

【問題 18】三相誘導電動機のスターデルタ始動の定格回転数になるまでの時間は、直入れ始動より短い。

【解説 18】スターデルタ（Y－Δ）始動を行うと、トルクは 1/3 になるが直入れ始動より時間は 3 倍になる。

【問題 19】漏電遮断器は、感度電流により分類され、高感度型の定格感度電流は 30mA 以内である。

【解説 19】漏電遮断器は、感電保護のために、漏電電流で動作する装置であり、感電に対する保護システムとして使用される。

　「30 mA 以下の定格感度電流をもつ漏電遮断器は、感電に対する保護手段が失われた場合の直接接触に対する付加的な保護手段としても用いられる。」と規定されている。

3. 機械保全法

【問題1】 FMEA は、故障等の発生の過程をさかのぼって樹形図に展開し、発生過程や発生原因を予測・解析する方法である。

【解説1】 故障の解析技法に関する問題である。これには、
1）故障モード影響解析　FMEA（failure mode anndo effects analysis）
2）故障の木解析　FTA（fault tree analysis）
の2つの手法がある。それぞれを要約して解説する。
　　FMEA ではクリティカルな部品に対し、発生の可能性のある故障モードを想定し、それがシステムに与える影響を評価し対策を検討する。
　　FTA ではシステムに発生する好ましくない事象（トップ事象）を頂点として、その事象を生じる要因を、1次、2次、3次と展開し、それぞれの間を論理記号で結合し、トップ事象を防止するための手段が明確となる。

【問題2】 MTBF の値が安定していて変動がない場合は、故障解析は必要ない。

【解説2】 MTBF（mean time between failures）は、平均故障間隔のことである。これは、修理できる設備で、故障から次の故障までの動作時間の平均値である。**図 3-1** のように、故障時間が t_a、t_b、t_c、t_d であり、機械の稼

動時間が t_1、t_2、t_3、t_4 であるときの MTBF は、

$$\mathrm{MTBF} = \frac{t_1 + t_2 + t_3 + t_4}{4}$$

で求められる。

図 3-1　故障時間と移動時間

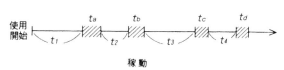

修復時間の平均値を示すものを、平均修復時間 MTTR（mean time to repair）といい、次の式で求められる。

$$\mathrm{MTTR} = \frac{t_a + t_b + t_c + t_d}{4}$$

〔類問〕日本工業規格（JIS）の生産管理用語によれば、平均故障間隔（MTBF）とは、故障した設備が修理されてから、次に故障するまでの動作時間の平均値をいう。【解答○】

〔類問〕平均故障間隔（MTBF）とは、故障から故障までの平均値で表す指標で、再発防止策・点検精度向上により改善されることが多い。【解答○】

【問題3】 機械設備の修理・改良計画の作成に当たり、内製か外注かを問わずスケジュール及びコストに関して、適切な考察、処置がなされることが大切である。

【解説3】 改良や修理を、その事業者の内部の組織に基づく人材によって行うことを内製（内作）といい、外部企業に委託して実施することを外注という。

外注の場合は、
（1）すべて一切を外に頼む
（2）部分的に依頼する
といった2通りの方法がある。
　（1）（2）いずれの場合にせよ、行うべき作業の内容は、発注元がその仕様を明確に示して、トラブルの無いよう、きちんと指示されなければならない。このことが日程やコスト面に大いに関係してくる。

〔類問〕設備の経済的な修理周期を決めるためには、保全費と劣化損失を把握することが重要である。【解答○】

【問題4】 正規分布において、データが $\overline{\mathrm{X}} \pm 3\sigma$ から外れる確率は、0.3%である。

【解説4】 正規分布とは、**図 3-2** に示すように平均値をMとすれば、左右に末広がりのようなグラフになる。

図 3-2　正規分布

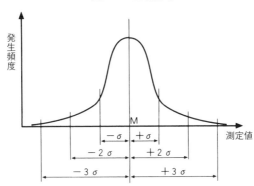

ここで分布に関係する標準差を σ（シグマ）とすると、
M $\pm\sigma$ の範囲にある確率は約 68.3%
M $\pm2\sigma$ の範囲にある確率は約 95.5%

　　M±3σの範囲にある確率は約99.7%

となる。±3σでは99.7%であるから、これから外れるものは、

　　100 － 99.7 ＝ 0.3%

となる。

〔類問〕標準正規分布とは、平均0、分散1の正規分布をいう。【解答○】

【問題5】保全予防（MP）とは、設備、系、ユニット、アッセンブリ、部品などについて、計画・設計段階から過去の保全実績又は情報を用いて不良や故障に関する事項を予知・予測し、これらを排除するための対策を織り込む活動のことをいう。

【解説5】保全予防MP（maintenance prevention）は、新しい設備の計画や建設のときに、保全情報や新技術を取り入れて、信頼性、保全性、経済性、操作性、安全性などを考慮して、保全費や劣化損失を少なくする活動をいう。具体的には、計画・設計段階で行わなければならない。MPは、単に経済性だけを考えたものでは不十分である。

〔類問〕設備の設計、制作、据付け段階で万全の処置を行い、操業中に生じるすべてのトラブルの解消をはかり、メンテナンスフリーの達成をめざす保全を保全予防という。【解答○】

【問題6】予知保全とは、個別改善の実施に当たり、最初に欠陥やトラブルを洗いだしてリストアップする活動をいう。

【解説6】予知保全PM（Predictive maintenance）は、設備の状態を基準にして保全の時期を決める予防保全の方法である。設備診断技術により設備の構成部品の劣化状態を定量的に傾向把握し、その部品の劣化特性、稼働状

況などをもとに、劣化の進行を定量的に予知・予測し補修、取替えを計画・実施するものである。

コンディション・ベースド・メインテナンス（状態基準保全：CBM、condition based mainte-nance）ともいう。

> 〔類問〕予知保全とは、設備や部品の劣化特性、稼働状況などをもとに、劣化の進行を定量的に予知・予測し、補修・取替えを計画・実施するものである。【解答○】

【問題７】改良保全とは、設備の信頼性、保全性、経済性、操作性、安全性などの向上を目的として、設備の材質や形状の改良をする保全方式をいう。

【解説７】改良保全は、設備の修理時に、設備の設計変更や故障しにくい部品との交換などを行って同一故障の再発を防ぎ、また、設備の寿命を延ばすなどの改良を行う保全方法をいう。改良保全を行うことによって設備の信頼性・安全性・保全性が向上し、体質改善によって劣化をおさえ故障を減らすことができる。

【問題８】日常点検は、人が変わっても、正しい点検がミスなく実施できるような点検計画及び点検表を作成することが必要である。

【解説８】設備の点検は、保全作業の一環として大事な業務である。日常点検は、機械装置の運転に支障をきたさないために日常行う点検である。また運転に先立って行う運転開始前の点検を始動点検という。

日常点検は、機械装置を運転する作業員が行うのが通例であるが、異常のあるときは保全マンが関与する。関与する人が代ることを念頭において点検計画、点検表が考えられなければならない。

【問題９】五感による点検の場合、故障の発見は、劣化故障よりも偶発故障のほうが容易である。

【解説９】点検における五感とは、点検者による見る、聞く、嗅ぐ、味わう、触れるの感覚の総称を意味する。この場合、経時的に機械の損耗が進むが、その状況を把握する手段として、この五感は貴重である。つまり劣化故障の判断に活用できる。偶発故障の発見には五感はむずかしい。参考として故障の種類を**表 3-1**で示す。

表 3-1　機械における故障の種類

故障項目	主として属する故障領域			定期点検で発見できる可能性	原　　因
	初期	偶発	摩耗		
疲れ切断、折損			○	なし	強さ、応力あるいは荷重の見積りの誤差
表面疲れ破損			○	あり	〃
一発荷重破壊		○		なし	強さ、応力および外部要因による事故
過大塑性変形		○		なし	〃
摩　耗	○	○	○	あり	潤滑不良、潤滑不能、材料不適、応力過大
焼付き	○	○		あり	接触温度過高、熱的不安定、潤滑不良
目づまり	○			あり	フィルタの目づまりはメッシュ微細すぎ、しぼり部の目づまりはフィルタのメッシュ粗すぎ
漏　れ	○			あり	シール不良、締め付け不足、精度不良
摩擦ロック	○	○		なし	セルフロッキングに対する考慮ミス、力不足、抵抗の見積りの誤り、すきま過小
締め付けの緩み、脱落		○		あり	緩み止め不足

【問題 10】品質管理で用いられる各種の管理図の中でＣ管理図は不良率の管理図である。

【解説 10】品質管理で使われている主な管理図は、
（１）$\bar{x}$－Ｒ（エックスバーアール）管理図—平均値と範囲の管理図
（２）Ｐ（ピー）管理図—不良率管理図

（3）Pn（ピーエヌ）管理図—不良個数管理図
（4）C（シー）管理図—欠点数管理図
などである。

　P管理図のことを少し説明しておく。この管理図は不良率を用いて工程を管理するための図である。一定期間の平均不良率（％）は、$\overline{P}$（ピーバー）によって表す。また不良率Pの計算例を示すと、100個中3個の不良があったならば、

$$P = \frac{3}{100} = 0.03$$

と求められる。

〔類問〕c管理図は、サンプル（試料）の大きさ（個数）が一定の時に、サンプル中に含まれる欠点数を数えて作る管理図である。【解答○】

【問題11】 保全費には、保全用予備品の在庫費用や予備品を保有しておくためにかかる費用を含まない。

【解説11】 保全費は、保全活動に必要な資本的支出以外の諸費用で、会計上の修繕費の他に、保全用資材の在庫コストや、予備機を保有しておくためにかかるコストを含む。

【問題12】 機械の構成要素が故障しても、これに起因して災害が発生することのないように、あらかじめ安全側の状態になるような回路に構成することを、フールプルーフという。

【解説12】 フールプルーフ（fool proof）とは、設備を使用する段階で誤作動を避けるように、また、誤作動があっても設備が故障しないようにすることである。これは「うっかりよけ」とか「バカヨケ」とか呼ばれている。

【問題 13】フェールセーフ設計とは、設備を使用する際に誤操作を防止したり、また誤操作をしても設備が故障しないようにする設計のことをいう。

【解説 13】フェールセーフ設計（fail-safe design）とは、系・機器・部品などが故障しても、それが人体の安全側に動作し、全体の故障・事故・災害にならないように配慮された設計をいう。

　エレベーターで一定の昇降速度を超えたとき緊急停止する機構もフェール・セーフ設計の1つである。

【問題 14】ガントチャートは、作業の進行状況を把握するために用いられる。

【解説 14】ガントチャート（Gantt's chart）とは、生産の過程で、時間の経過に対して計画がどのように実施されるかを、太線・細線・破線などで表した図 3-3 のことで、工程や進度管理などに用いる。単位作業が少なく、比較的短期工事の工程管理として使用される。

図 3-3　ガントチャート

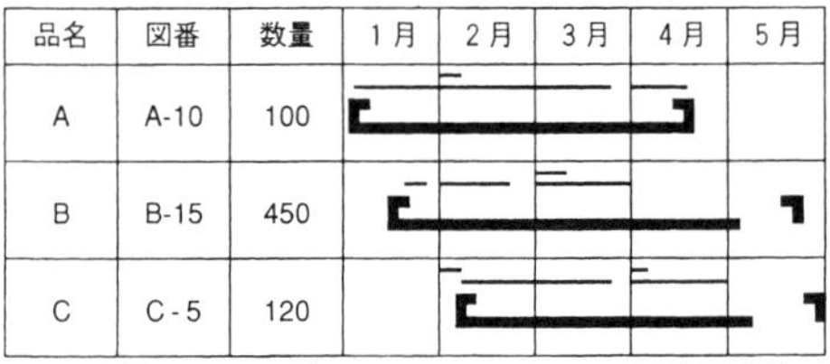

品名	図番	数量	1月	2月	3月	4月	5月
A	A-10	100					
B	B-15	450					
C	C-5	120					

▐ 作業開始予定, ▌完成予定, ∨ 調査時期, 細線は各月の作業進行状況, 太線はその累計

　ガントチャート法は、単位作業ごとの前後関係を表示しにくいことと、管理可能な単位作業に限度があることから、これを補う方法として、PERT法（Program Evaluation & Review Technique）が考案された。

【問題 15】 適切な点検標準の作成には、点検項目、点検方法、周期などを明示する必要がある。

【解説 15】 設問および類似問題は、設備の点検に関する事項であり、ごく基本的な内容を述べている。問題としては保全マンにとってごく常識的なことばかりであるが、その内容をよく理解してほしい。

〔類問〕点検計画及び点検項目は常に内容の最適化につとめ、必要に応じて改正を行わなければならない。【解答○】

【問題 16】 摩耗故障期間とは、アイテムの運用後期で、修理系アイテムの瞬間故障強度又は非修理系アイテムの瞬間故障率が、直前の値よりも著しく高い期間をいう。

【解説 16】 据付後の故障状況を表す曲線を寿命特性曲線（バスタブカーブ）といい、初期故障、偶発故障、摩耗故障の３期に分けられる。初期故障期間はデバッギング（debugging）期間やバーンイン（burn-in）期間と呼ばれている。機械の使用開始の半年や１年という早い時期に、設計上の欠陥、工程不良、使用条件、外部環境などの不適合によって生じる比較的軽微な故障が起こる期間をいう。

　偶発故障とは、初期故障期間を過ぎ、摩耗故障期間に至る以前の時期に偶発的に発生する故障期間をいう。この期間に入ると、故障率は低くなり、時間的にはほぼ一定で安定しているので、いわば装置の働きざかりの期間に相当し、いちばん望ましい期間である。

　この期間を有用寿命（useful life）とも呼ばれている。摩耗故障期間に入ると再び故障率が上昇する。この期間においては、装置を構成する部品が老化し摩耗して寿命がつきるために、時間とともに故障率が高くなる。この場合、摩耗が始まるその時間より少し前に事前取替を行えば、上昇する故障率を下げることができる。

　しかし、保全に要するコストに比べてあまり故障が起こるようであれば、むしろ廃棄したほうが得になる。（**図 3-4** を参照）

図 3-4　寿命特性曲線

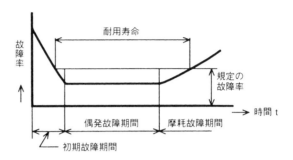

【問題 17】標準偏差とは、各値と平均値との差の二乗の平均値である。

【解説 17】全測定値の単純平均を平均値と呼ぶ。平均値は、$\overline{X}$（エックスバー）で表す。

　標準偏差とは、ばらつきの程度を数量的に表すものである。測定値と平均値の差の 2 乗の平均値を分散と呼び、分散の平方根を標準偏差と呼ぶ。標準偏差は、σ（シグマ）で表す。

$$\overline{X} = \frac{X_1 + X_2 + X_3 \cdots\cdots + X_n}{n}$$

X_1：1 個目の測定値　X_2：n 個目の測定値　n：測定値の数

　平方根で求める標準偏差が得られる。

$$\sigma = \sqrt{\frac{(X_1 - \overline{X})^2 + (X_2 - \overline{X})^2 \cdots\cdots + (X_n - \overline{X})^2}{n}}$$

$X_1 \sim X_n$：測定値　$\overline{X}$：平均値

【問題 18】散布図は、二つの特性を横軸と縦軸とし、観測値を打点して作るグラフ表示である。

【解説 18】散布図は要因と特性との間にどういう関係があるのか、または関係がないのかということをみるのに使われる。

　2つの変数を縦軸と横軸にとり、グラフ化した図である。（図 3-5）

図 3-5　散布図

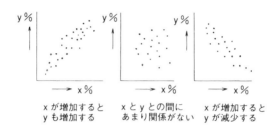

x が増加すると
y も増加する

x と y との間に
あまり関係がない

x が増加すると
y が減少する

【問題 19】フォールトの木解析（FTA）とは、設計の不完全や潜在的な欠点を見出すために、構成要素の故障モードとその上位アイテムへの影響を解析する技法である。

【解説 19】故障の木解析 FTA（fault tree analysis）とは、装置やシステムの故障を故障原因まで分解、展開して解析する方法をいう。その方法は、信頼性または安全性からみて好ましくない事象を発生順に樹系図に展開し、発生経路、発生原因、発生確率を解析する。

【問題 20】鋼材のきれつを検査する場合、磁粉探傷試験法による磁力線の方向は、きれつの方向と直角になるようにするとよい。

【解説 20】磁粉探傷試験法は、強磁性体の表面または表面から比較的浅い部分に存在する欠陥を探傷する方法の１つである。検査体に磁場を加えることにより、欠陥部に生じた漏洩磁場により磁粉を磁化し、欠陥部の磁極

に磁粉を吸着させて磁粉模様を形成させ、その模様を観察することにより欠陥の有無を判明させる。オーステナイト系ステンレス鋼などの非磁性体には適用できない。磁力線の方向は、できるだけ直角方向にする。

【問題 21】 測定範囲が 0 ～ 25mm の外側マイクロメータを格納するときは、測定面にごみが入らぬように、きちんと密着させておく。

【解説 21】 0点の確認は、マイクロメータに限らず、あらゆる測定工具の基本である。まず、測定面、被測定面の両面をキレイにする。キレイにする方法は、薄紙を 1 枚挟んで抜き取る方法がよい。もちろん、ガーゼやウエスでも抜き取れる。両測定面を密着させるとき、ラチェットを 2 回程空転させる。また、ラチェットを早くまわして惰性をつけて密着させてはいけない。この確認は 2 ～ 3 回繰り返す。

　25mm 以上を測定するマイクロメータは、両測定面を密着させることはできないので、0点確認用の基準棒で確認する。基準棒は 25mm ごとの大きなものが作られている。**図 3-6** にマイクロメータを示す。

図 3-6　マイクロメータ

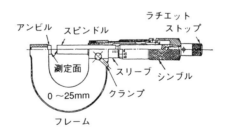

【問題 22】 転がり軸受で内輪のはめあい面にクリープが発生したので、しめしろを少なくした。

【解説 22】 転がり軸受でのクリープとは、元来固定化されているはずの接

触面が、すべりを起こして回転する現象をいう。その原因は内輪回転荷重では内輪のはめ合いのしめしろ不足、また外輪回転荷重では外輪のはめ合いのしめしろ不足である。本問の場合、しめしろを少なくするのは誤りである。**図 3-7** に円筒ころ軸受（内径 75mm）の内輪クリープの例を示す。

図 3-7　クリープ

　この内輪クリープは、モータに取り付けられ、グリース潤滑で約 1 万時間使用された。クリープが起きるとはめ合い面がすべりを起こし、潤滑条件がよければ鏡面になる。原因は、はめ合いのしめしろが不足であったためである。しめしろを十分検討して適正にすればクリープは防止できる。

【問題 23】 重点設備は、生産、品質、コスト、納期、安全、環境、保全性、予備機、故障頻度等を総合的に分析して選定する。

【解説 23】 重点設備（important facilities）の評価は、過去 1 〜 2 年のデータから評価する。生産計画や設備の新設、保全の効果により見直すことが大切である。

【問題 24】クラウニングを多くつけると、歯当たりの長さが長くなる。

【解説 24】クラウニングとは、軸受のころや歯車の歯面で、端部に片当たりによって荷重が集中するのを防ぐために、軸受では軌道またはころの母線に、歯車では歯すじに、わずかな膨（ふく）らみ（クラウニング）を付けることをいう。歯当たりを良くして騒音を防止するのが目的であり、歯面を強くするものではない。圧延用ロールにもクラウニングを付けることがある。

【問題 25】アベイラビリティは、次の式で求められる。

$$\frac{動作可能時間＋動作不可能時間}{動作可能時間}$$

【解説 25】アベイラビリティとは稼働率のことである。動作している装置全体が満足な状態にある尺度をいい、修理可能な設備が機能を果たしうる状態にある時間の割合をいう。

$$A = \frac{（動作可能時間）}{（動作可能時間）＋（動作不可能時間）}$$
$$= \frac{（アップタイム）}{（アップタイム）＋（ダウンタイム）}$$

【問題 26】寿命特性曲線において、使用初期に発生する故障はある程度さけられない。対策としてデバッキングを徹底して行うことである。

【解説 26】寿命特性曲線（バスタブ曲線）で、いちばん左端に示すように稼動時間の初期の段階では故障率が高い。これが通常の姿である。このスタートの段階で故障を減らす活動がデバッキングである。

図 3-8　寿命特性曲線

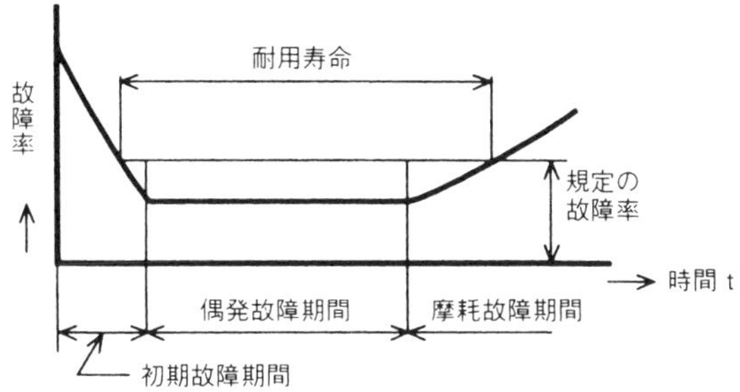

【問題 27】保全予防とは、設備を新しく計画・設計する段階で、保全情報や新しい技術を取り入れて信頼性、保全性、経済性、操作性、安全性などを考慮して、保全費や劣化損失を少なくするものである。

【解説 27】設備を計画する段階から考慮し、信頼性の高い、保全性のすぐれた設備の設計、製作、設置を行う方法を保全予防という。

【問題 28】日本工業規格（JIS）によれば、保全費とは、会計上の修繕費のほかに、保全用予備品の在庫費用および予備品を保有しておくためにかかる費用を含む。

【解説 28】保全費とは、JIS Z 8141 に「設備保全活動に必要な費用であり、設備の新増設、更新、改造などの固定資産に繰り入れるべき支出を除く費用。会計上の修繕費のほかに、保全用予備品の在庫費用および予備品を保有しておくためにかかる費用を含む」と規定されている。

4. 材料一般

【問題１】 ステンレス鋼は、一般に炭素鋼よりも加工硬化しやすい。

【解説１】 一般に金属は加工すると硬く、強くなる特徴がある。これはある程度、変形が進むと結晶内に「ひずみ」が起こり、これが原因ですべり変形が起こりにくくなるためであり、この現象を加工硬化と呼ぶ。

　オーステナイト系ステンレス鋼は、18-8 ステンレス鋼を代表とする一連の鋼で、耐食性・加工性はフェライト系ステンレスよりも優れているため、非常に広い範囲での用途がある。

　18-8 ステンレス鋼は、常温で圧延や線引きなどの強加工を施すと、大きな加工硬化を示し著しく高い強度が得られるので、ばね材料としての用途もある。

　ちなみに、オーステナイト系ステンレス鋼の欠点としては、粒界腐食や応力腐食割れなどがある。

【問題２】 鋼を浸炭焼入れした場合、その表面が硬化するだけで内部が硬化することはない。

【解説２】 機械部品には、その使用目的により、歯車、カム、クラッチなどのように材料内部の粘り強さと同時に表面の硬さを必要とするものがある。

40

鋼をこのような部品に用いるため、材料の表面だけを硬くして耐摩耗性を増し、内部は衝撃に対する抵抗を大きくするという熱処理法が使われる。これを表面硬化法という。表面硬化法には次のものがある。

（1）浸炭はだ焼法

（2）窒化法

（3）シアン化法

（4）高周波焼入法

（5）火炎焼入れ

　浸炭焼入法は、材料の表面に炭素を浸み込ませて高炭素の組織とする。母材は炭素含有量が 0.23％以下の低炭素鋼を使用する。

　また、このとき、浸炭しようとする部分だけ残し、他の部分は銅めっきを施したり、浸炭防止剤を塗る。浸炭を行った材料は、焼入れを行ってはじめて製品として使用する。

〔類問〕浸炭焼入れ法は、炭素含有量が 1.0 〜 1.3％の炭素鋼の焼入れに適している。【解答×】

【問題3】鋼の表面硬化法の一つであるガス窒化法には、アンモニアガスが使用される。

【解説3】窒化処理のできる鋼種（これを窒化鋼と呼ぶ）に焼入れ、焼戻しを施し、窒化する必要のないところには防窒めっきをする。これを箱に入れて炉中でアンモニアガスを通しながら約 520℃の温度に保ち加熱する。こうすると表面に窒素が吸収され、窒化第一鉄（Fe_2N）や窒化第二鉄（Fe_4N）ができる。これらは浸炭法に比べ硬化層が浅いが、非常に硬く耐摩耗性や耐食性もよい。また、窒化後の寸法のくるいもほとんどないのが特徴である。

　浸炭法に比べ硬化層は浅いが、硬度はビッカース硬度（Hv）で 1000 前後あり、硬くて耐摩耗性、耐食性がある。

　さらに窒化後焼入れの必要がなく、熱処理によるひずみや寸法のくるいもほとんどないのが大きな特徴である。

【問題４】 残留応力を除去する熱処理の方法として、焼なましがある。

【解説４】 主な熱処理用語を次に解説する。

・焼なまし（アニーリング　Annealing　焼鈍という）の処理としては適切な温度に加熱し、その温度を一定時間保持したあと徐冷する。

　そのねらいは、次のようなことにある。

（１）内部応力、残留応力の除去

（２）組織の均一化

（３）加工硬化した材料の軟化処理

・焼ならし（ノルマライジング　Normalizing　焼準という）は、鋼をオーステナイト組織になるまで加熱し、この温度で空中放冷する。そのねらいは、結晶の微細化、機械的性質の改善にある。

・焼入れ（クエンチング　Quenching）は、鋼をオーステナイト組織にし、このあと水や油で急冷しマルテンサイト組織にする操作をいう。水と油では冷却速度が異なることで焼入れ硬さも違ってくる。また一方では、冷却速度が早いと焼割れができやすい。

・焼戻し（テンパリング　Tempering）は、焼入れした鋼を、そのまま使用しないで、もう一度加熱する。この再加熱の操作を焼戻しという。これによって硬さは若干低くなるが、粘り強くなる。

> 〔類問〕焼きなましとは、鉄鋼製品の前加工の影響を除去し、結晶粒を微細化して、機械的性質を改善するために、適切な温度に加熱した後、通常は空気中で冷却する処理である。**【解答×】**

【問題５】 鋼は、一般に、鋳鉄よりも振動を吸収する能力が大きい。

【解説５】 元来工作機械のメインパーツは鋳物によっている。このことは鋳物が振動吸収性が良いことからきている。まったく同一状のものを鋼と鋳物で製作し、これを打撃するときの音の響きを調べると、その減衰は鋳物の方が速いことから理解されよう。

【問題6】オーステナイト系のステンレス鋼鋳鋼品は、一般に、固溶化熱処理を行って使用する。

【解説6】固溶化熱処理（solution treatment）とは、鋼の合金成分を、固溶体に溶解する温度以上に加熱して十分な時間保持し、急冷してその析出を阻止する操作をいう。固溶体というのは、基質金属結晶中に添加元素が原子状で均一に溶け込んで生じた単一の固体のことである。

【問題7】SUS304 は、Ni が 18％で Cr が 8％の率で含有されている。

【解説7】SUS304 は代表的なオーステナイト系ステンレス鋼で、18−8 ステンレス鋼と呼ばれている。成分はクロム（Cr）18％、ニッケル（Ni）8％である。常温でオーステナイト組織となり、柔らかく加工性が良いのが特性である。

【問題8】主な工業材料の0℃における熱伝導率の大きさは下記の通りである。
　銅　＞　アルミニウム　＞　鉛　＞　ステンレス（SUS304）　＞　炭素鋼

【解説8】主な工業材料の0℃における熱伝導率［w/m・k］は、銅403、アルミニウム236、亜鉛117、炭素鋼50、鉛36、ステンレス15である。
　銅　＞　アルミニウム　＞　炭素鋼　＞鉛　＞　ステンレス（SUS304）
が正しい順番である。

【問題9】焼なましとは、適切な温度に加熱および均熱した後、室温に戻ったときに、平衡に近い組織状態になるような条件で冷却することからなる熱処理である。

【解説9】加工硬化による内部のひずみを取り除き、組織を軟化させ、展延性を向上させる熱処理である。目的に応じて多くの種類・方法がある。

5. 安全・衛生

【問題１】労働安全衛生関係法令によれば、動力により駆動されるプレス機械を５台以上有する事業所では、プレス機械作業主任者を選任しなければならない。

【解説１】「労働安全衛生法及び施行令」によると、「動力により駆動されるプレス機械を５台以上有する事業場において行う当該機械による作業」には、作業主任者を選任し、その者にプレス機械作業に従事する労働者の指揮、その他の労働省令で定める事項を行わなければならないとなっている。

【問題２】労働安全衛生関係法令によれば、事業者は、屋内に設ける通路については、通路面から高さ 1.8m 以内に障害物を置いてはならない。

【解説２】通路上の障害物高さの問題である。これは安全衛生規則第 542 条に下記のように定められている。
第 542 条（屋内に設ける通路）
　事業者は、屋内に設ける通路については、次に定めるところによらなければならない。
　１．用途に応じた幅を有すること。
　２．通路面は、つまずき、すべり、踏抜などの危険のない状態に保持すること。
　３．通路面から高さ 1.8m 以内に障害物を置かないこと。

【問題3】帯のこ盤の歯の、切断に必要な部分以外の部分及びのこ車には、覆い又は囲いを設けなければならない。

【解説3】労働安全衛生規則第124条に次のように規定されている。
　「事業者は、木材加工用帯のこ盤の歯の切断に必要な部分以外の部分およびのこ車には、覆いまたは囲いを設けなければならない」
　問題の説明文はこの主旨をそのまま表していて正しい。

〔類問〕労働安全衛生関係法令によれば、遠心機械には、ふたを設けなければならない。【解答○】

【問題4】労働安全衛生関係法令によれば、高さ2m以上の高所の作業床には、高さ50cm以上の手すりを設けなればならない。

【解説4】労働安全衛生規則の第563条によると、「高さ2m以上の作業場所には高さ75cm以上の手すりを設ける。」と規定されている。

〔類問〕労働安全衛生関係法令によれば、足場における高さが2m以上の作業場所には定められた作業床を設けなければならない。【解答○】

【問題5】クレーン等安全規則によれば、吊上げ荷重1.5トンのクレーンで荷を吊り上げる場合、クレーン運転士免許を有する者がクレーンを運転すれば、玉掛け作業はだれが行ってもよい。

【解説5】クレーンでの玉掛け作業とは、荷物をクレーンにより移動させる場合の、ワイヤーロープを荷物に掛けて行うのは承知されていると思う。これを玉掛けというが安全に移動させる場合にどのようにワイヤーロープを掛けるかは重要な勘所である。

規則では「玉掛け作業は所定の講習を終了した者が行なわなければならない」とある。

【問題6】 油圧系統のトラブルでアクチュエータの配管を外した場合、エア抜き作業が必要である。

【解説6】 油圧機器取付け後の回路内エア抜きは、普通 1 ～ 1.5MPa の圧力に設定し、配管やアクチュエータに取付けてあるプラグから油とともに抜取り、噴出する作動油の白濁が消えた時点で良しとする。

【問題7】 酸素欠乏症防止規則では、「酸素欠乏」を「空気中の酸素濃度が 15% 未満の状態」として定義している。

【解説7】 酸素欠乏（略して酸欠）関連のニュースは新聞で事故があるとよく報道され、読者の皆さんはよく承知されているはず。しかし規則に照らし合わせてその定義はどうかと聞かれると意外と知られていない。酸素欠乏症予防規則によると第2条（定義）に明示されていて、「空気中の酸素の濃度が 18% 未満である状態をいう。」となっている。

【問題8】 研削盤でといしをフランジに締付けるときは、フランジ径はといし径の 1/2 以上のもので、といしに平均に密着するようにする。

【解説8】 研削盤でといしをフランジに締付ける際の相対的な関係図を示す。この **図5-1** で示したように、フランジ径はといし径の 1/3 以上となっている。題意による 1/2 以上というのは誤りである。

図 5-1　といしの取付け

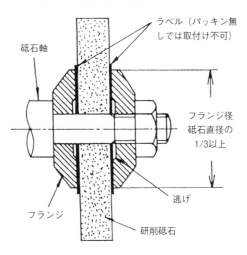

【問題9】労働安全衛生法によれば、労働者 50 人以上の事業所では、社内研修を受けた者から安全管理者を選任しなければならないと定められている。

【解説9】社内研修でなく、厚生労働大臣の定める研修を受けたものである。労働安全衛生法第 11 条に安全管理者と定められている。

1級
例題問題 Q&A
（択一法編）

1．機械要素
2．機械の点検
3．異常の発見と原因
4．対応措置
5．潤滑・給油
6．機械工作法
7．非破壊検査法
8．油圧・空気圧
9．非金属および表面処理
10．力学および材料力学
11．図示法・記号

1. 機械要素

【問題1】 ねじに関する記述のうち、適切でないものはどれか。

イ　台形ねじは、角ねじに比べて工作が困難である。

ロ　管用テーパねじの種類は、管用のテーパおねじ、テーパめねじ及びテーパおねじ用平行めねじである。

ハ　角ねじは、正方形に近い断面をもち、ねじ面が直角なので有効径がない。

ニ　ボールねじは、摩擦係数が小さく、高精度な送りを要する機械に使用される。

【解説1】 角ねじとは、ねじ断面が矩形となっているものである。角ねじにおいても、つる巻線を構成するベースになる円筒の直径が、ねじの山と谷とでは異なるわけで、当然これにともなってリード角も違ってくる。

　図1-1 にいろいろなねじを示す。

図1-1　いろいろなねじ

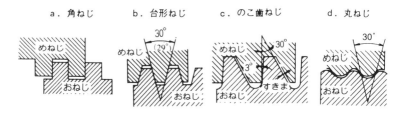

a. 角ねじ　　b. 台形ねじ　　c. のこ歯ねじ　　d. 丸ねじ

　角ねじは、

（1）ねじ面が軸線に対しほとんど直角なので、力の作用する方向は軸線と平行である

（2）三角ねじに比べて摩擦抵抗が少なく効率がよい

（3）大きな力の伝達に適する

（4）工作がむずかしく精密度の高いものを作りにくい

（5）摩耗すると調整が難しい

などの特徴をもち、スクリュージャッキや万力に使われる。

　台形ねじは、

（1）角ねじより加工が容易で、高精度のねじを作ることができる

（2）摩耗に対して調整がし易い

（3）強度が大きく、正確な伝動ができる

などの特徴があり、高い精度が得られることから汎用の工作機械の親ねじに用いられる。ただし最近は NC 化されているので、この場合の親ねじはボールスクリューである。角ねじと台形ねじの他に、のこ歯ねじ、丸ねじ、ボールねじなどがある。

　管用ねじは「かんよう」と読みたくなるが、JIS によれば「くだよう」と呼ぶようになっている。管用ねじは、JIS によってテーパおねじ、テーパめねじと平行ねじ、管用平行めねじが定められている。（**表 1-1**）

表 1-1　管用平行ねじと管用テーパねじ

ねじの種類（規格）	ねじの区分	記号	おねじ・めねじ の組合せ	表示の例
管用平行ねじ JIS B 0202 の附属書	おねじ	PF	PF－PF	
	めねじ（＊＊）	PF		PF 3/8
管用テーパねじ JIS B 0203 の附属書	テーパねじ	PT	PT－PT	PF 3/4
	テーパねじ	PT		
	平行めねじ（＊）	PS	PT－PS	PS 3/4

　ここで注意していただきたいのは＊印で示す管用平行めじ（PS）は管用テーパ・おねじ（PT）に対して使用するもので、JIS B 0202 付属書に規定する管用平行めじ（PF）（表中＊＊印で示す）とは、ねじの基準山形は同じであるが寸法許容差が異なっている。すなわち PS で表されるのは管用平行めじであって、管用テーパおねじ（PT）に、はめ合うものである。管用テーパねじのテーパは 1/16 で特に気密を必要とするところに用いられる。

　また、図 1-2 に示すように、ピッチは小さく、ねじ山角度は 55°で、ねじ山と谷は丸みをもっている。したがって組合せは平行ねじ同士、テーパねじ同士でなければならない。

　ボールねじは、おねじとめねじの溝を対向させ、つる巻状の溝に鋼球を入れたねじで、摩擦が小さく効率が高い。NC 工作機械の位置決めや自動車のステアリングギアなど運動用ねじとして用いられている。（図 1-3）

図 1-2　　　　　　　　　　　　　　図 1-3　ボールねじ

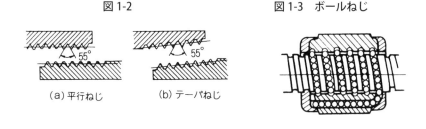

（a）平行ねじ　　　　（b）テーパねじ

【問題 2】ボルト・ナットのゆるみ止めの方法に関する記述のうち、適切でないものはどれか。

イ　二重ナットを採用する場合、先に薄いナットを締め付ける。

ロ　非常に軟らかい座面には、菊座金を使用する。

ハ　舌付き座金は、必ず、端を折り曲げて使用する。

ニ　溝付きナットは、割りピンと併用する。

【解説 2】ダブルナット（二重ナット）は図 1-4 に示すように 2 個のナットを使って互いに締付け、ナット相互を押し合いの状態にして振動を受けても荷重が働いて、緩まないようにしたものであり、強度の補強でない。

　その締め方は、まず止めナットＢを締め、次に本ナットＡを締めて、さらに止めナットＢをわずかに戻して、本ナットＡと互いに押合いの状態にしておく。本ナットより止めナットの方が薄いのが普通であるが、同じ厚さでもよい。図1-5にいろいろなナットを示す。

図1-4　ダブルナット

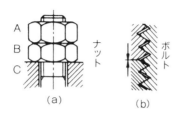

図1-5　いろいろなナット

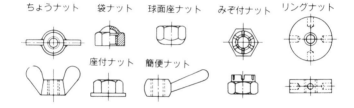

【問題3】軸受に関する記述のうち、適切でないものはどれか。

イ　アンギュラ玉軸受は、接触角の大きいものほど、スラストの負荷能力は小さくなる。

ロ　円すいころ軸受は、ラジアル荷重とスラスト荷重とが同時にかかる箇所の軸受に適している。

ハ　スラスト玉軸受は、スラストころ軸受に比べて耐衝撃性が小さい。

ニ　転がり軸受は、一般に、内輪の回転によって運転されるが、一方向ラジアル荷重で回転数が同じ場合、外輪回転では、内輪回転に比べて寿命は短くなる。

【解説3】

イ　アンギュラ玉軸受は、**図1-6**に示すように a の接触角をもっているので、一方向のアキシァル荷重、あるいは合成荷重を受けるのに適している。

　構造上、ラジアル荷重がかかるとアキシァル分力が生じるので、2個を対向させるか、2個以上を組合せた軸受として用いる。

　単列アンギュラ玉軸受（**図1-7**）は、予圧を加えることにより軸受の剛性を高めることができるので、軸の回転精度が要求される工作機械の主軸などの用途に適している。このようにラジアル荷重、アキシァル荷重の両方負担することができる。

　このことからわかるように接触角が大きくなるとスラストの負荷能力は大きくなる。したがって、題意に該当するのは**イ**である。

図1-6　アンギュラ玉軸受の接触角　　図1-7　単列アンギュラ玉軸受

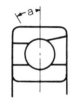 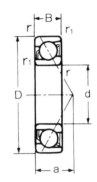

ロ　円すいころ軸受は負荷方向を示す。

ハ　玉（ボール）で受けるのと、ころ（ローラ）で受けるのとでは、点と線で受ける違いから耐衝撃性は玉の方が小さい。

ニ　回転数が同じならば、外輪回転の方が内輪回転に比べて速くなるので、これが寿命に影響する。

【問題4】歯車に関する記述のうち、適切でないものはどれか。

イ　やまば歯車は、速度比が大きい場合でも、高速かつ円滑な回転ができる。

ロ　かさ歯車は、ピッチ面が円すいで、工作機械などに広く用いられる。

ハ　遊星歯車装置は、大きい減速比を得る場合に適している。

ニ　はすば歯車は、主に2軸の相対位置が平行でない場合に用いられる。

【解説4】基本的知識として、歯車の種類とその特徴を示す。

（1）平歯車（スパーギヤ）、内歯車（インターナルギヤ）、はすば歯車（ヘリカルギヤ）、やまば歯車（ダブルヘリカルギヤ）。

（2）すぐばかさ歯車、はすばかさ歯車、まがりばかさ歯車、冠歯車（クラウンギヤ）、ゼロールベベルギヤ。

（3）ねじ歯車、ハイポイドギヤ。

　なお、フェースギヤは、交わることも食い違うこともある。平歯車やはすば歯車とかみ合う円盤状の軽荷重用歯車である。おもちゃなどに使用されている。はすば歯車は図1-8に示すような一対の歯車である。2軸が平行な歯車であっても、かみ合いを滑らかにするため歯すじを軸に対して斜めにしたもので、ヘルカルギヤともいう。かみ合い時の変動が少ないのが特徴である。ただし、軸方向に推力（スラスト荷重）が加わる。

図1-8　はすば歯車

　これらを前提として、各選択肢を解説する。

イ　やまば歯車はダブルヘリカルギヤとも呼ばれている。図からわかるように向きが反対のはすば歯車を対向させて組合せたものである。軸方向のスラストがなく効率のよい歯車である。主な特徴を列挙すると、

1）速度比の大きいときでも、高速かつ円滑な回転ができる。

2）伝動が静かで効率がよい。

３）軸推力が互いに打消されるので、軸方向のスラストがない。
などである。

ロ　２軸が交わり、ピッチ面が円すいであるのがその特徴である。

ハ　遊星歯車装置は、歯車を組合せて行う減速歯車装置の一種である。例を**図 1-9** に示す。中心軸に固定、あるいは回転できるように取り付けた大歯車のまわりに、いくつかの小歯車が大歯車とかみ合い、自転しながら回転（これを公転という）するようにした歯車装置である。

ニ　はすば歯車は**図 1-8** のように、２軸が平行となっているのが大きな特徴である。したがってこのニが適切でないものとして該当する。

図 1-9　遊星歯車装置の回転例

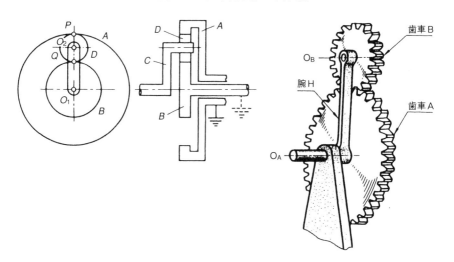

【問題５】歯車の歯形に関する記述のうち、適切でないものはどれか。

イ　モジュールは歯の大きさを表すが、値が大きいほど、歯は大きくなる。

ロ　インボリュート歯形は、互換性に優れ、中心距離が多少増減しても、滑らかにかみ合い、動力伝達用などに使われる。

ハ　圧力角は、歯がかみ合うときの力の方向を決めるもので、大きくすると歯元が細くなって、歯の強さが低下する。

ニ　サイクロイド歯形は、歯面の摩耗が少なく、騒音も低く、時計や特殊な計器などに使われる。

【解説5】

ハ　圧力角は歯面の1点において半径線と歯形への接線のなす角で、普通ピッチ点の圧力角を意味する。JISでは基準圧力角として20°を採用している。この値が大きくなると歯元が太くなり、歯の強さが増大する。

ニ　サイクロイド歯形は摩耗による誤差の発生が少ないので精密機械の小型歯車に用いられる。歯先と歯元で曲線が違うのでかみ合いの精度を要し製作も面倒である。

【問題6】標準平歯車の全歯たけを求める式として、正しいものはどれか。ただし、mはモジュールを表す。

イ　1.25 m

ロ　2.25 m

ハ　3.25 m

ニ　4.25 m

【解説6】 JIS B 1701 に「インボリュート歯車の歯形および寸法」の規定がある。この中の基準ラックについて**図1-10**で示す。

　全歯たけ h はモジュールを m とすると 2.25 m と規定されている。

図1-10　基準ラックの歯形および寸法

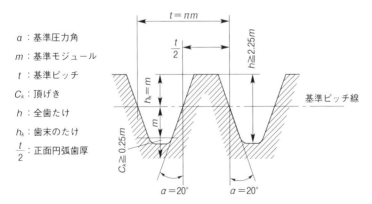

【問題7】歯車に関する記述のうち、適切でないものはどれか。

イ　騒音を少なくするために、平歯車減速機をはすば歯車に設計変更した。

ロ　平行な2軸に取付けるはすば歯車を製作するとき、歯のねじれ角度を同一にし、ねじれを逆方向にした。

ハ　すぐばかさ歯車は、まがりばかさ歯車と比較して、歯当たり面積、強度、耐久性が劣る。

二　2軸が交わる場所に使用される歯車の種類には、まがりばかさ歯車、フェースギヤ、ハイポイドギヤなどがある。

【解説7】歯車の種類（**図1-11**）を知っておくことが大事である。それには外観および交わる軸の位置関係（**表1-2**）を理解しておくことが大切である。

表1-2

はすば歯車	一平面上にある平行軸
すぐばかさ歯車	一平面上にあり直交、交差軸
まがりばかさ歯車	同上
フェースギヤ	一平面上にある二軸で斜交、交差軸
ハイポイドギヤ	一平面上になく斜交食い違い軸

図1-11　歯車の種類

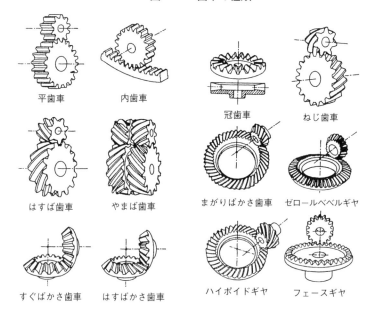

平歯車　　　内歯車

冠歯車　　　ねじ歯車

はすば歯車　　やまば歯車

まがりばかさ歯車　ゼロールベベルギヤ

すぐばかさ歯車　はすばかさ歯車

ハイポイドギヤ　フェースギヤ

【問題8】平歯車の歯の折損原因と考えられるもののうち、適切でないものはどれか。
イ　材質の選定を誤った。
ロ　座屈現象を考えていなかった。
ハ　熱処理後、歯面にヘアークラックが入っているのを見逃した。
ニ　繰り返し荷重での安全率を小さく見積もりすぎた。

【解説8】適切でないものはどれかという設問形式では、4つの選択肢のうち1つが該当しているわけだから、これをまず見付けることである。
　つまりイ材質の選定、ハ熱処理、ニ安全率などはいずれも歯の折損原因と考えられるので、残る1つのロの座屈現象が疑われる。
　座屈というのは金属材料で、長柱が軸方向（長手方向）に力を受けたとき、ある限界値を越えると急に直角方向に異常な変形を起こすことをいう。
　歯車での歯についていうと、半径方向の力を受けることはないので、以上述べた座屈という現象は起こらない。

【問題9】ベルト伝導に関する記述のうち、適切でないものはどれか。
イ　タイミングベルトは、ベルトの内側に一定ピッチで浅い歯のような突起がついている。
ロ　皮ベルトは、柔軟性があり伸びが少なくて、摩擦は大きい。
ハ　ゴムベルトは、皮ベルトに比べて油や熱に対して強い。
ニ　木綿ベルトは、皮ベルトに比べ引張り強さは大きいが、滑りやすい。

【解説9】
イ　タイミングベルト
　ベルトの内側に一定ピッチで浅い歯のような突起を付けたもの（図1-12）。ベルト車の突起とかみ合って伝動するので、滑りがなく伝動効率がよい。最近は多く用いられている。
　本体はゴムで作られ、ピッチが狂うため抗張体として綿布、グラスファイバ、鋼索などが入れてあり、伸びは非常に少ない。

特徴は、次の３つである。

①速度比が大きく取れ、

　しかも速度が一定に保てる。

②最初、張力が不要。

③高速、低速のいずれにも適する。

ロ　皮ベルト

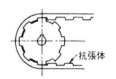

図1-12　タイミングベルト

　牛皮を加工したもので、柔軟性があり、伸びが少なくて、摩擦係数も大きく、負荷の変化が激しくてもよく耐えるため、広く用いられている。JIS K 6501 に工業用平皮ベルトの標準寸法その他が規定されている。

ハ　ゴムベルトは皮ベルトに比べて強く、伸びも少ない。湿気、酸、アルカリにも強い。値段も安いが、油や熱に対して弱いという欠点がある。JIS K 6321 にその標準寸法その他が規定されている。なお、最近では合成ゴム製などの新しいものが多い。

ニ　木綿ベルト

　耐熱性に富み、皮ベルトに比べて引張強さは大きい。ただし、滑りやすく柔軟性に乏しいので伝動効率は悪い。小さいベルト車専用。

【問題 10】Ｏリングに関する記述のうち、適切でないものはどれか。

イ　ねじ部を通過させる装着には、治具などを使用し、ねじ部には直接当てない。

ロ　圧力が比較的高い場合、バックアップリングを使用する。

ハ　低圧時には、初期つぶし代が重要な要素となる。

ニ　固定使用の場合、適度なつぶし代があれば、表面粗さは規定しない。

【解説 10】Ｏリングは断面が円であるゴム状のパッキンで、固定用と往復運動用がありシリンダなどによく使用されている。流体圧力が高くなると、Ｏリングがすき間へはみ出すのを防ぐために、バックアップリングを使用する。（図 1-13）

図 1-13　Oリング

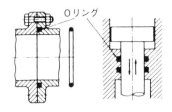

【問題 11】管継手に関する記述のうち、適切でないものはどれか。

イ　ねじ込み式管継手のねじは、管用テーパねじである。

ロ　溶接式管継手には、管径により突合せ溶接式と差込み溶接式の 2 通りがある。

ハ　管フランジ式継手には、ガスケットは使用しない。

ニ　くい込み式継手は、管にねじ加工を施すことなく接続できる。

【解説 11】管を使用する場合、長い管 1 本だけでは間に合わないので、管継手によってつないだり方向を変えたりする。管継手には、ねじ継手、フランジ継手、溶接継手がある。

　管は、その使用目的に応じて内圧を受けるものと外圧を受けるものがあり、圧力の大小に応じて肉厚を決める。肉厚の数値は、下式のような円筒圧力容器の強さの計算式を基本とする。

$$\sigma_t = \frac{P\,\gamma}{t}$$

σ_t：円筒の接線応力

　P：内圧

　γ：管の内径の半径

　t：管の肉厚

　図 1-14 に JIS B 2301 のねじ込み式管継手の形状例を示す。

図 1-14　JIS B 2301 のねじ込み式管継手の形状例

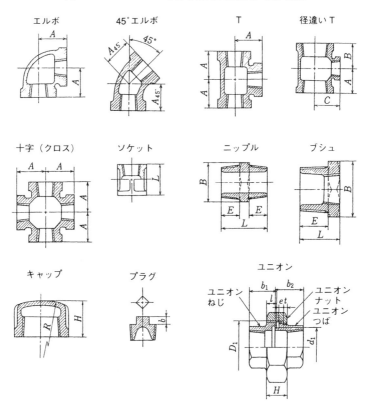

【問題 12】機械要素に関する記述のうち、適切でないものはどれか。
イ　遊星歯車装置は、大きい減速比を得る場合に適している。
ロ　平ベルトは、2軸が平行でなければ使用することができない。
ハ　リーマボルトは、穴にはめ込むことにより、ずれ止めの役割をもつ。
ニ　斜板カムは、平らな円板が回転軸に斜めに固定されており、回転運動
　　を上下運動に変換するものである。

【解説 12】平ベルトは平行でなくても使用できる。平ベルトの伝動の最も
特徴的なのは、2軸が平行でなくても案内車を使用してベルト掛けができ
ることである。

2．機械の点検

【問題１】 長さ測定機器に関する記述のうち、適切でないものはどれか。

イ　マイクロメータは、断熱部分を持って扱うようにする。

ロ　ノギスでバーニヤ読取りの場合、最小読取値は、0.1mm、0.05mm 及び 0.02mm である。

ハ　三次元座標測定機は、水平を正しく出して据付ける。

ニ　ダイヤルゲージは、一般に、実長測定に使用する。

【解説１】 マイクロメータは**図 2-1** に示すようにスピンドルとアンビルの間に被測定物をおき、長さや厚みを測る測定器である。シンプルにつけた目盛により 1/100mm 単位で読取れるようになっている。

　JIS B 7502 には作動範囲が 25mm のものと 50mm のものがあるが、一般にみられるのは 25m のものである。いちばん小さい外側マイクロメータは測定範囲が 0 ～ 25mm である。25mm 以上のものについては、スタンダードバーなどによって正しく 0 点合せを行うことが必要である。

　0 点確認は、マイクロメータに限らず、あらゆる測定工具の基本である。まず、測定面、被測定面の両面をキレイにする。

　両測定面を密着させるとき、ラチェットを 2 回程空転させる。また、ラチェットを早くまわして惰性をつけて密着させてはいけない。

　25mm 以上を測定するマイクロメータは、両側面を密着させることはできないので、0 点確認用の基準棒で確認する。

図2-1　マイクロメータ

ロ　一般にバーニヤは、目盛の読取り装置として測定器や工作機械に広く用いられている。さて、バーニヤの原理であるが、本尺の目盛り線間隔Bは、

$$B = \frac{n-1}{N} \cdot A$$

で求められる。ここにnは等分目盛の数である。

　本尺とバーニヤの目盛の種類を**表2-1**に示す。すなわち本尺の1mmに対してバーニヤ（副尺）が0.95mmである。その差は0.05mmであり、本尺と副尺とが1目盛の差で合致するときは、0.05mmと読める。同様にして、2目盛では2×0.05＝0.10mm、3目盛では3×0.05＝0.15mm。例として**図2-2**の場合では副尺の4目盛のところで一致しているので、4×0.05＝0.20mmである。これに本尺は16mmであり、16＋0.20＝16.20（mm）と読む。

　すなわち、0.05mm単位の読取りができる。

図2-2　メモリの読み方

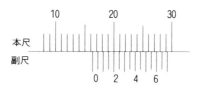

表 2-1　本尺とバーニヤの目盛の種類

耗（ミリ）系		
本尺の最小目盛（mm）	バーニヤの目盛方法	最小読取値（mm）
0.5	12mm を 25 等分	0.02
	24.5mm を 25 等分	
1	49mm を 50 等分	0.02
	19mm を 20 等分	0.05
	39mm を 20 等分	

【問題 2】ダイヤルゲージに関する記述のうち、適切でないものはどれか。

イ　スピンドルの摺動部には、ギヤー油を塗布し滑らかに摺動するように
　　しておく。

ロ　スピンドルを押し込むとき、長針は、時計方向に回転する。

ハ　測定子は、交換が可能であり、測定子先端の表面は球形の耐摩耗性の
　　ものとする。

ニ　平行度、軸の曲がり、振れ、心出し、スラスト量などの測定に用いる。

【解説 2】ダイヤルゲージは図 2-3 に示すような形状をしており、比較測定
器の一種である。大別するとスピンドル形のものと、てこ式のものがあり、
その主な仕様を表 2-2 に示しておく。

図 2-3　ダイヤルゲージ

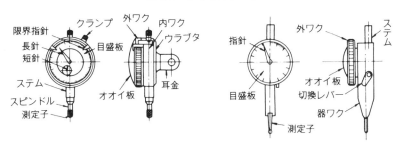

表 2-2

単位mm

種　目	目　量	短針目盛	測定範囲	
スピンドル形	0.01	1	5、10	
ダイヤルゲージ	0.001	0.2	1、2、5	
てこ式	0.01	—	0.5	0.8
ダイヤルゲージ	0.002	—	0.2	0.28

　ダイヤルゲージは先端にある接触子が出入りすることにより、その出入り量がダイヤル目盛に対し、針の振れとして表示される。これはあくまでも相対的な変位を表すものである。軸の直径とか、板の厚みそのもののように絶対的な寸法を測るものではない。このためには、測長器とかマイクロメータなどのような機器を使用する。

【問題3】次の水準器による点検に関する記述のうち、適切でないものはどれか。

イ　機械摺動面の垂直方向のチェックができる。

ロ　底辺1m当たりの微小な傾斜を点検することができる。

ハ　気泡管の曲率半径が小さいものほど、緻密な点検ができる。

ニ　主気泡管と副気泡管があるが、点検時の主体は主気泡管である。

【解説3】水準器は角度の測定器具として使用される。水準器の原理は、液体内に作られた気泡の位置がいつも高いところにあることを利用したものである。

　水準器の感度は、気泡を気泡管に刻まれた1目盛だけ移動させるのに必要な傾斜である。この傾斜は底辺1mに対する高さ(mm)、あるいは角度(秒)で表される。(表2-3)

　水準器は一見したところ、まっすぐなガラス管のように見られるが、これでは、中に封じこめられた気泡は少しでも傾くと、一方に寄せられて止まることがないため、傾斜を測ることはできない。これができるのはガラ

ス管が大きな半径で曲げられているからである。（図 2-4）

　水準器は機械類を据付けた際、その面のわずかな傾斜を精密に測定するときに使用する。いろいろな種類があるが、その一例を図 2-5 で示す。

表 2-3　種類、感度

種　類	感　度
1 種	$\dfrac{0.02mm}{1m}$ （≒ 4 秒）
2 種	$\dfrac{0.05mm}{1m}$ （≒ 10 秒）
3 種	$\dfrac{0.1mm}{1m}$ （≒ 20 秒）

図 2-4　水準器の気泡管

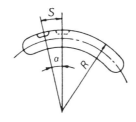

図 2-5　水準器

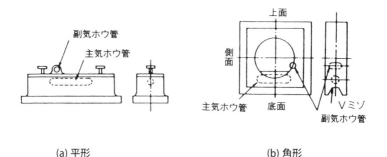

(a) 平形　　　　　　　　　　　　(b) 角形

【問題4】機械の点検、測定に関する記述のうち、適切でないものはどれか。
イ　オリフィスにより、流量を求める方法がある。
ロ　サーミスタ温度計は、一般に、温度が上がるとサーミスタの抵抗が小さくなる性質を応用している。
ハ　潤滑剤の粘度計を使うときは、湿度を一定にする。
ニ　放射温度計は、高温域の温度測定に適している。

【解説4】
イ　大流量を測定するには、**図2-6（a）**に示すようなセキを用いる。上流からの粒体はセキを越えると**（b）**に示すように h の水頭（ヘッド）を維持する。水頭は流量が大きいと高く、小さいと低くなる。セキも四角形、三角形などいろいろあり、それぞれ定められた計算式によって流量が求められる。

図2-6　セキ

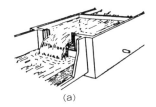
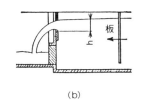

(a)　　　　　　　　　　　　　　　　(b)

ロ　サーミスタ温度計は、測温抵抗体としてサーミスタを用いたものである。この材料は Ni、Fe、Ou、Ti、Mn、Zn などの酸化物で作ったもので、温度に対する抵抗の変化が大きく、白金線の場合の 10 倍以上もある。この特性を利用して、温度計の他に自動温度調節装置の感温部にも用いている。なお、白金（Pt）、銅（Cu）、ニッケル（Ni）などの金属抵抗と異なって、サーミスタは温度が上がると抵抗が小さくなる性質をもっている。この特性を利用して、電気回路において、温度が変化しても抵抗は変化しないようにする温度補償に用いられ、測温部にタッチして使用される。**図2-7**に示すようにサーミスタの形状によりいろいろなものがある。

図 2-7　サーミスタの形状

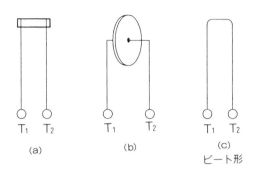

(a)　　　　　　(b)　　　　　　(c)
ビート形

ハ　粘度計（viscometer）は、粘度を測定するのに用いるもので、毛細管粘度計などがある。粘度（viscosity）とは流体の粘性を表す値で、流体の流れに直角方向にd_Yだけ離れた2点の速度差がd_v、流れに平行な面に生じるせん断応力をτとするとき、

$$\mu（粘度）= \tau /（d_Y / d_v）$$

の関係にある。

　潤滑油の粘度は温度が上昇すると減少する。粘度計を使うときは温度が一定であることが必要であるが、湿度は関係ない。

ニ　放射温度計（radiation thermoneter）は、可視から赤外までの波長区間の全放射を検出し、そのエネルギー量に比例した電気信号に変換してLCD（液晶表示）によりデジタル表示する温度計である。高温専用のものを放射高温計（radiation pyrometer）という。

【問題5】温度の測定に関する記述のうち、適切でないものはどれか。
イ　水銀封入ガラス温度計では、300℃まで測定できるものがある。
ロ　サーミスタ温度計は、一般に、温度が上がるとサーミスタの抵抗が小さくなる性質を応用している。
ハ　熱電対温度計は、2種類の金属導体に流れる電流値を測定して温度を計測する。
ニ　放射温度計は、測定対象から発する熱放射によって測定する。

【解説5】一般に、金属の電気抵抗は、温度が上がるにしたがって増加し、電気を通しにくくなる。この関係を**図 2-8** のグラフに示す。

図 2-8　金属の抵抗と温度の関係

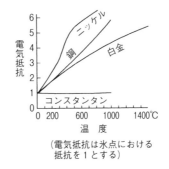

（電気抵抗は氷点における
抵抗を 1 とする）

これからわかるように、抵抗の測定により温度を求めることができる。電気抵抗温度計は一般的に－ 200 ～ 600℃が使用範囲である。

これに対し、熱電対温度計は 200℃～ 1400℃が温度計測範囲である。実用上の測定範囲は、ニッケルで－ 180 ～＋ 120℃、白金で－ 200 ～＋ 600℃である。ただし、抵抗温度計は、精度は高いが、水銀や圧力バネ式に比べると複雑な構造で、接触不良、白金、ニッケルなどの汚れ、絶縁不良、取り扱い粗雑などのため、誤差が出やすい。熱電対温度計は2種の異なる金属を使用するが、その組合せで常用温度は異なる。

クロメル－アルメルは、Ni ＋ Cr 合金と Ni ＋ Al ＋ Si ＋ Mn 合金の金属線からなる熱電対温度計である。熱電対2種の異なった金属線の両端を接続して閉回路を作り、その2つの接合点に温度差があるとき、閉回路中のその温度に比例した熱起電力が生じ熱電流が流れる、というゼーベック効果を利用している。

熱電対は、熱起電力から逆に2つの接合点の温度差を測定するものである。したがって電流値の測定ではないのでハは誤りである。熱電対には、クロメル－アルメル（CA）のほかに、白金ロジウム－白金（PR）や鉄－コンスタンタン（IC）、銅－コンスタンタン（CC）などがある。

【問題6】機械部品の点検に使用する硬度計に関する記述のうち、適切でないものはどれか。

イ　ブリネル硬度計は、球圧子を一定の試験荷重で試料に申し込み、生じた永久くぼみの直径を測り、決められた計算式により求める。

ロ　ロックウェル硬度計は、鋼球あるいはダイヤモンド圧子を用いて基準荷重を加え、次に試験荷重を加えてできる窪みの深さの差を測定し、決められた計算式により求める。

ハ　ショア硬度計はダイヤモンドを付けた落下すいを一定の高さから落下させ、そのくい込む深さを求める。

ニ　ビッカース硬度計は四角すいの圧子で、表面にピラミッド形の窪みを付け、対角線の長さを測定し、決められた計算式によって求める。

【解説6】ブリネル硬さ（Brinell hardness）とは、鋼球圧子を材料の表面に静荷重を加えて押し付け荷重を除去した後に残るくぼみの表面積で荷重を割った値をいう。ブリネル硬さ試験法は測定子直径 10mm、荷重 3000kg の圧こんの直径を測定する試験法である。

　ロックウェル硬さ試験（Rockwell hardnesstest）は、特定の形状、寸法の円すい状のダイヤモンド圧子、鋼球または超硬合金球圧子を一定の基準荷重まで試験面に押しつけ、さらに試験荷重まで押し込んでから戻したときの圧子の深さを測定し、その大きさから硬さを測定するものである。

　ビッカース硬さ（Vickers hardness）は、正四角錘ダイヤモンドの圧子を一定荷重で材料に押し付けて生じたくぼみの表面積で、荷重を割った値をいう。

【問題7】電動機における巻き線絶縁劣化の点検ポイントとして、正しいものはどれか。

イ　物理的要因として、ヒートサイクル・過大な温度上昇を点検する。

ロ　熱的要因として、コイルの振動、絶縁層摩耗を点検する。

ハ　化学的要因として、化学薬品・有害物質による侵食などを点検する。

ニ　機械的要因として、吸湿・結露・浸水などを点検する。

【解説7】電動機ということで、巻き線劣化を取り上げている。少し範囲を広くとって、導線ということでとらえると選択肢がとらえ易い。

イ　ヒートサイクルや温度上昇というのは熱的要因である。

ロ　コイルの振動、絶縁層摩耗は機械的要因である。

ハ　化学薬品、有害物質による侵食は化学的要因で、点検ポイントとしては合致する。

ニ　吸湿、結露、浸水は物理的要因に該当する。

【問題8】機械の点検に使用する器工具に関する記述のうち、適切でないものはどれか。

イ　測定器の感度とは、被測定物の量の変化に対する測定器目盛り上に表れる変化の割合をいう。

ロ　測定器の精度基準は、その測定器の使用温度範囲内における最大誤差で定めている。

ハ　電気マイクロメータは、実長測定器の一つである。

ニ　ころがり軸受の振動加速度を分析することで、軸受内部の欠陥を特定できることが多い。

【解説8】

イ　測定器の感度とは、一定の測定量の変化に対応する指示量の変化であるといえる。

ロ　精度基準とは、測定器固有の誤差の最大限度をいう。

ハ　電気マイクロメータは変位を電圧や電流に変換し、増幅して表示する。この場合、絶対的な変位を示すものではない。すなわち、実長を表さない。

ニ　転がり軸受の振動加速度を測ることにより、その欠陥を特定できる。

　以上の結果から、ハが正解である。

【問題９】油圧ポンプが異常音を発生している場合の点検項目に関する記述のうち、適切でないものはどれか。

イ　吸い込み配管径が小さすぎないか。

ロ　タンク用フィルタが目詰まりしていないか。

ハ　管路用フィルタが目詰まりしていないか。

ニ　ポンプのシャフトシールから、空気が吸い込まれていないか。

【解説９】ポンプの異常は音が高くなったことでも知ることができる。正常に作動しているときの音を確認しておくと、音色が変わったときに異常の発生した可能性を知ることができる。ポンプの異常音が発生する原因は**表2-4**のようにいろいろあるが、フィルタに関していえば、サクションフィルタ（タンク用フィルタ）の目が細かったり、目詰まりしていれば異常音が発生する。

　しかし、管路用フィルタはポンプから離れているのでポンプの異常音とはならない。

　また、ポンプの吸込みヘッドが油面から高すぎると、吸込み配管がエアを吸い込んで異常音が発生する。このようにポンプ自体あるいはポンプの周辺（吸込み口など）に異常音が起因する場合が多いのである。

表2-4　油圧ポンプの異常とその原因対策（1）

現　象	原　因	対　策
吐出量の低下	ポンプの回転方向が逆	ポンプ本体の矢印方向に回す
	ポンプ軸が回転していない	カップリングのスリーブキーボルトが入っているか調べる
	タンクの油面が低い	油を補給して油面を上げる
	吸込み不良	フィルターの詰まり、空気侵入、油の粘度が高い、を是正
	ポンプの回転不良	ポンプ内蔵部品の摩耗、部品交換
	サクションフィルタの容量不足 サクションフィルタの目詰り サクションフィルタが油中に沈んでいない	容量の大きいものに交換 フィルターの清掃 レベルゲージの基準線まで油を入れる
吐出圧力の低下	バルブ、アクチュエータからの油漏れ	損傷パッキン・シールの交換、摩耗面修理
	リリーフバルブの開き放し	バルブシートの修理、交換
	リリーフバルブの設定圧力が低すぎる	設定圧力の修正
	油圧回路が無負荷になっている	負荷をかける
	ポンプ内蔵部品の摩耗・破損	部品交換
異常音	吸入管が細い、詰まっている	吸込み真空度を規定以下にする
	サクションフィルタの目詰り サクションフィルタの容量不足	フィルターの清掃 容量が2倍のものと交換
	吸込管の継手、ポンプ軸オイルシールから空気を吸っている	継手や軸のまわりに油を注いでテストし、音の変化を調べる 継手を締め直し、オイルシールを交換する
	タンク内の気泡がある	リターン配管を調べて気泡の発生を阻止する
	油面が低い	油をレベルゲージまで入れる

表2-4　油圧ポンプの異常とその原因対策（2）

現象	原因	対策
異常音	モータとの軸心不一致	心ずれは 0.03mm 以内に修正する
	作動油の粘度が高い	指定油を使用。ヒーターを入れる
	ポンプカバーの締付ボルトの緩み	ポンプヘッドに油をかけながら騒音が止まるまで増締めをする
	ポンプ取付台の剛性不足	取付台の剛性を上げ、ポンプや機器の振動を少なくする
	ポンプの回転数が速すぎる	説明書を見て、最高の回転速度以下にする
	ポンプ摺動部の摩耗	油の汚れ、水分、粘度を調べる
	ベアリングの摩耗	交換
	歯車ポンプのかみ合い不良	組立修正
異常発熱	オイルクーラーの不良	修理
	容積効率不良	ポンプの表面温度が著しく上昇した場合は、直ちに運転を停止し、点検する
	摺動部のクリアランスが小さい	修正
	摺動部の焼付き	直ちに運転を停止して点検する
油漏れ	シャフトパッキンの摩耗	パッキンの交換
	トップパッキンの破損	パッキンの交換
	軸に打痕などがある	ペーパで磨くか、軸交換
	内部漏れが多い	ポンプの修理

3. 異常の発見と原因

【問題1】機械の主要構成要素に生じる異常現象に関する記述のうち、適切でないものはどれか。

イ　スミアリングとは、部分的な微動摩耗による表面の損傷である。

ロ　コロージョン摩耗とは、腐食によって表面が摩耗する現象である。

ハ　フレーキングとは、うろこ状に剥離する疲労摩耗である。

ニ　フレッチングとは、微小振幅の繰返し接触によって生じる摩耗である。

【解説1】スミアリングは、もともと転がり軸受においては転がり運動中にすべりが混在しており、これに対する潤滑剤の性能が不足していることから生じる。現象としては、表面が微小な焼付きの集合で荒れた表面になる。対策としては、潤滑剤に極圧性を与え、すき間を小さくするなど、すべりを防ぐ工夫をする。

　コロージョン（Corrosion）とは侵食、腐食のことで、コロージョン摩耗は、はめ合い部のように金属同士が互いに面圧を受けた状態で相対すべりが生じ、損傷する。

　フレーキング（flaking）は、軸受の軌道面または転動面が転がり疲れによってうろこ状に剥がれる現象を指す。

　フレッチング（fretting）は、接触面間で微小な接線方向の振動によって生じる表面損傷をいう。普通のすべり摩耗と異なり、雰囲気の影響を受ける。硬い鋼材が空気中でこすれ合い、赤色または黒色の酸化鉄の粉末を生じながら侵食する現象をフレッチング・コロージョンという。

【問題2】 機械構成要素の異常時における対応として、適切でないものはどれか。

イ　ラジアル玉軸受で、軌道に対して斜めにフレーキングができたため、再度心出しを行った。

ロ　軸受のはめ合い面にカジリ摩耗が発生したので、締めしろをゆるめた。

ハ　漏えい電流が軸受を通過するおそれがある場合には、アースをとる。

ニ　割り軸受において、軸受メタルが摩耗したので応急処置として、はさみ金を調整した。

【解説2】 この問題の場合、ハとニは適切と考えられ、イ、ロに焦点を絞って対応するとよい。

　まず、イのフレーキングの発生原因として取付け誤差、過大な荷重、取扱不良などが考えられる。説明文にある対策として、芯出しを行ったとあるので、この対応は適切であろう。残りのロに絞り込まれている。

　つまりカジリ摩耗の原因が特定できるとよい。運転中はめ合い面がすべると発生すると考えられ、この対応としては不適と判断できる。

【問題3】 配管に起きるキャビテーションに関する記述のうち、適切なものはどれか。

イ　管内の流速が速く、固形粒子を含む液体でエルボなどの曲部に発生しやすい。

ロ　フランジ部などの液体のたまりやすいところに発生しやすい。

ハ　配管径の急激な縮小、拡大などの変化で発生する。

ニ　腐食環境で応力がかかり結晶粒を貫通する割れである。

【解説3】 キャビテーション（cavitation）とは、配管などの流体機構において減圧により液体中に空洞（キャビティ）すなわち気泡が生じる現象をいう。液体を加熱することによって気泡が生じる沸騰と同じ現象であるが、原因が加熱によるか、圧力によるかで区別される。

　また、空洞内が蒸気に満ちているか、溶解気体かで、蒸気性キャビテー

ション、気体性キャビテーションと呼ばれる。流体潤滑において、広がり
くさび部が負圧になって気泡が発生し空洞を作る場合と、逆流によって周
囲の空気を引き込んで空洞を作る場合もある。油潤滑の場合は、気体性キ
ャビテーションであり、変動荷重を受ける軸受の場合のみ蒸気性キャビテー
ションになる。

　気泡が下流の静圧の高い個所で急激に消滅するので大きな衝撃圧が発生
し、その圧力によって付近の材料が損傷するのをキャビテーションのエロ
ージョンという。エロージョンとはキャビテーションや固体粒子の衝突に
よる機械的作用によって固体表面で、材料が変形したり、材料の表面が徐々
に脱離・損耗する現象である。ただし化学的作用によるものは含まれない。

　高速流体を扱うポンプ、水車などのプロペラあるいはランナーの部分で
は、流体と機械部分との相対速度が大きくなり、その部位の静圧が低下し、
気泡が発生する現象がある。この気泡が消滅するとき衝撃圧を生じ、材料
表面に損傷を与える。これがキャビテーションである。

　ポンプに発生するキャビテーションは、羽根車などに空洞部ができて、
渦を起こす現象である。流れの断面が急変したり、流れの向きが変わった
りしたときに発生しやすい。キャビテーションは騒音や振動の原因になる。
また、程度が大きいと羽根裏面の腐食を促進する。この現象による振動は、
高周波領域に発生する。

【問題４】 軸受の異常を診断する方法として、適切な組み合わせはどれか。
イ　フレーキング……温度測定法
ロ　割れ………………摩耗粉分析表
ハ　焼付き……………振動測定法
ニ　摩耗………………停止時のすきま測定法

【解説４】 軸受の異常を診断する方法にはいろいろある。主なものは、
（１）温度を測定する
　軸受部分に温度計、あるいはセンサーを取り付けて計測する。異常に高
温となるときは焼付きが疑われる。

（2）摩耗粉の分析

　潤滑油に存在する微粒子を採取（フィルターによる）し、これがどんな金属、あるいは非金属材からなるかを究明する。金属粒か、鉄（Fe）材料のときは、軸受材のはく離、例えばフレーキングなどが疑われる。

（3）振動測定

　回転中の速度、加速度などについて振動分析をする。異常があるときは、軸受に割れなど、形状に関わることが疑われる。

（4）軸受のすき間

　特に停止時にメタルと軸とにどの位のギャップがあるかを測定する。このギャップはごく小さいものだが、大きくなると両者の摩耗が疑われる。

　以上（1）〜（4）の条件を当てはめるとニが正解である。

【問題5】リミットスイッチの故障原因として、適切でないものはどれか。

イ　接点不良や短絡の原因として、水や油の侵入がある。

ロ　レバーの折損原因として、作動物体の速度の過大がある。

ハ　配線の劣化の原因として、周囲温度の過大がある。

ニ　アクチュエータ（レバー等）の作動不良原因として、給油不足がある。

【解説5】焦点を絞りきれないときは消去法であたっていく。すなわち与題の適切でないとするものと逆に、適切なものを消していく。

イ　短絡の原因に水の浸入はありうる。

ロ　折損原因として、速度の過大はありうる。

ハ　配線の劣化として、温度の過大はありうる。

と判断すれば、これらはすべて適切と考えられる。したがって、残るニは適切でないと判断できる。確かにアクチュエータの作動不良として、給油不足というのは結びつきにくい。

【問題6】転がり軸受に生じる異常現象の種類に関する記述のうち、適切でないものはどれか。

イ　フレーキングとは、軸受が荷重を受けて回転したときに、軌道輪や転動体の表面が転がり疲れによって、うろこ状に剥がれる現象である。

ロ　電食とは、軌道輪と転動体との間の非常に薄い油膜を通して、微弱電流が断続して流れた場合のスパークによって発生する現象である。

ハ　スミアリングとは、錆が転がり軸受の内輪全面に広がる現象である。

ニ　フレッチングとは、接触する2面間が、相対的な繰り返し微小滑りを生じて摩耗する現象である。

【解説6】スミアリングとは、金属同士の接触により大きな荷重でこすれて、潤滑油膜が破れて接触面に荒れを生じる現象で、ハはフレッチングのことである。

【問題7】設備不具合に関する記述のうち、適切でないものはどれか。

イ　回転機器に異常振動が発生したので振動周波数を測定したところ、1kHz以上の周波数が測定されたので、転がり軸受に傷が発生していることが考えられた。

ロ　回転機器の軸受部の振動測定で、アキシアル方向とラジアル方向の2方向の測定で問題が発見されなかったので、良好であると判定した。

ハ　ポンプの軸受を振動測定したところ、前回の測定値と比較すると異常に高い値であったので、軸受を点検することにした。

ニ　歯車減速機の振動を測定したところ、かみ合い周波数の2倍の周波数成分が発見されたので、歯車に損傷があると考えた。

【解説7】回転機器の軸受部の振動測定は、アキシアル方向と水平方向と垂直方向の3方向で測定する。

4. 対応措置

【問題1】機械要素の手当てについて、適当と思うものはどれか。

イ　グランドパッキンから漏れがあったので増締めをした。

ロ　ガスケットは高温部には用いられない。

ハ　オイルシール部のシールリップよりも、軸の方が摩耗していたので、複リップ形オイルシールに取り換えた。

ニ　ガスケットに漏れが発生したときは、ガスケットを分解し、劣化状態を調べれよい。

【解説1】

イ　互いに接触した部分から流体の漏れを防ぐ機械要素はシール（密封装置）と総称される。運動部分に用いるものをパッキン、静止部分に用いるものをガスケットと呼ぶ。グランドパッキンは運動用であり、特に汎用のポンプなどの軸封装置に広く用いられている。構造が簡単で装着が容易であり、編紐を適当な長さに切断して用いる。グランドパッキン部からの漏れは、増締めしただけでは止まらないことが多く、パッキンの切断面に気をつけなければならない。

ハ　オイルシールは、合成ゴム材料からなるリップを用いて、半径方向に軸を締付け、リップと軸との接触圧力の発生により、回転、揺動、往復運動部分の主に軸用の密封を行うシールである。機器内部の流体の漏れ防止あるいは外部異物の混入排除に広く用いられている。

81

ニ　ガスケットは固定または静止した接合部に挟んで流体漏れを防ぐ板状のパッキンのことであり、次のようなものがある。

（1）軟質ガスケット

　紙、ゴム、石綿、合成樹脂、コルク、プラスチックなど、主として水蒸気、油、空気、化学薬品などに用いる。

（2）硬質ガスケット

　銅版に石綿を挟んだもの、ステンレス、アルミニウム、鋼、銅合金、モネルメタルなど、主として高温、極低温など苛酷な条件に適している。このようなガスケットに漏れが発生したときは、ガスケットそのものよりは、合わせ面の仕上粗度、平面度などの精度に関わる点をチェックすべきである。

【問題2】歯車の異常に対する対応処置として、適切なものはどれか。

イ　片面の片当りがみられたので、加工する機械を交換した。

ロ　歯車の表面を硬化することによって、ピッチングの防止をはかった。

ハ　歯車の騒音を減少させるため、歯車のクラウニングを多くつけ、歯当りを長くした。

ニ　スコーリングが発生したときは、潤滑油に極圧剤入りのものは避ける。

【解説2】

イ　片面の片当りの場合は歯車箱を交換する。

ロ　ピッチングが発生するのは、接触荷重の繰り返しによる材料の疲れである。一般に歯面のピッチ円上に表れることが多い。これを防止する対策としては、歯面硬度を上げたり、潤滑油の粘度を上げるなどがある。

ハ　歯車のかみ合いで、歯の当たりをよくするため、歯すじ方向に適当なふくらみをつけたものをクラウニングと呼ぶ。クラウニングを多くつけることは、歯すじの両端部の角度を大きくすることを意味しており、当然歯当たりは短くなる。限度を超えると騒音は逆に増大するようになる。

ニ　スコーリングとは歯車のかみ合いにおいて、歯面と歯面の間に介在する油膜が破断されると金属接触を起こして部分的に凝着を生じ、これが歯車の回転によって歯すじ方向に拡がって、引っ掻き傷として現れる現象である。この対策として、極圧剤入りの潤滑油にかえることは効果がある。

【問題3】ポンプ周辺の異常音についての現象と対応措置に関する記述のうち、適切でないものはどれか。

イ　作動油が白濁しており、気泡が混入していたので、冷却器の点検及び油量の確認を行った。

ロ　負荷が大きくなっていたと考えられるため、リリーフ弁の設定圧力を上げた。

ハ　カップリング部の心ずれが考えられるために、点検を行った。

ニ　リリーフ弁のチャタリングが考えられるために、設定流量・圧力とリリーフ弁の仕様の確認を行った。

【解説3】目で判断できる作動油の異常としては次のようなことが分る。

①油の色が淡黄色から黒褐色に変化し、透明度が悪くなったときは劣化。

②色が乳白色を示すのは、水分・気泡の混入。

③油中の気泡が多くなったり、発生した泡が消えにくくなった場合は消泡剤の消耗。

④刺激性の悪臭を発するときは、劣化が最悪の状態になっている。（即交換）

⑤また、油圧装置の点検から作動油の劣化を判定することもできる。油中の水分は0.1以下なのに、錆の発生が目立つ場合は、防錆剤の消耗。

⑥バルブ、配管、タンク側面、フィルターなどに汚染物が付着している場合は酸化劣化。

⑦作動油の色・香により対策を講じることも必要である。透明で色彩変化なし。

対策：そのまま続いて使用してよい。

⑧作動油の香も目安である。暗黒となって濁っており悪臭がある。

対策：交換する。

⑨色彩に変化はないが濁っている。

対策：水分を含有しているので、油を澄し水を排出する。

⑩透明であるが色が薄い。

対策：そのまま続いて使用する。（異種オイルが混入している）

カップリング部の心ずれや、リリーフ弁のチャタリングなどいずれも異常音の発生の原因となる。

【問題4】キャビテーションの発生を抑える処置方法として、適切でないものはどれか。

イ　吸い込み管、吸込みストレーナの目詰まり防止のため清掃をした。

ロ　吸い込み管が細く、長すぎるので配管を太くした。

ハ　吸い込みストレーナの容量不足が考えられるので、メッシュを呼び番号60番から100番にした。

ニ　油の粘度が高すぎるので、冬季ヒータ加熱した。

【解説4】キャビテーションの発生を防ぐためには、油への気泡の混入を抑制することが必要である。混入は大部分がタンクの液面からであり発生した気泡は油圧回路内に送り込まれる。これをエアレーションという。

　一般に油の粘度は高いので、ポンプ吸収管における圧力降下が大きく、ポンプ入口でのキャビテーションが発生しやすい。

　油圧機器はますます高温、高速、小形化が要求され、キャビテーションに対する条件は厳しいものになっている。これを防止するには、そのポンプの形式によってNPSH（正味吸込ヘッド：net positive suction head）が決まるので、それに基づき吸込管系の圧力損失を少なく、吸込高さをできるだけ低くする。

　作動油の粘度、温度、気泡混入などの点にも留意しなければならない。

　また制御弁などでは、弁の前後の圧力差と絶対圧力とのキャビテーション比が特性を示すことになる。通常、減圧比を$1/3$以下にするとキャビテーションを起こし易いので、特に注意する必要がある。

〔類問〕キャビテーションの原因と対策で、誤っているものはどれか。

イ　吸込み側の配管が直管で長いので、曲げ管を使用する。

ロ　液体の温度とポンプの揚程に関係があるので調査する。

ハ　ポンプのグランドパッキンからの空気の吸い込みを調査する。

ニ　吸い込み側のフィルタにゴミの付着があるので、清掃する。

【解答イ】

【問題5】送風機の運転方法でサージングの防止法とし、誤っているものはどれか。

イ　少風量側に回転数を下げる。

ロ　吸い込み弁を絞る。

ハ　吐出し風量の一部を放風する。

ニ　現在より大容量の羽根車と交換する。

【解説5】サージング（surging）とは脈動のことで、流体機関では運転状態が不安定になり吐出状態が非常に大きく脈動することをいう。送風機の場合、大容量の羽根車と交換したところでサージング防止とは結びつかない。

【問題6】材料の強度に関する記述のうち、適切でないものはどれか。

イ　安全率とは、材料の基準強さ（引張強さ、降伏点など）と許容応力との比で計算される。

ロ　段付き軸のコーナー部のRを大きくして応力集中を緩和した。

ハ　シャーピンが頻繁に折損する場合、シャーピンの直径を太くするのは、装置全体の破損防止に有効な手段である。

ニ　高周波焼入れによる表面加工は、許容応力を高めることができる。

【解説6】

イ　安全率は安全係数ともいい構造物や材料の安全を保つ程度をいう。すなわち、

$$安全率 = \frac{基準強さ}{許容応力}$$

で表され、常に1より大である。荷重や材料によってその値は異なる。

ハ　シャーピンは機械の安全稼働を確保するための一種の安全弁のようなものである。したがって、これを太くするようなことはやってはならない。

【問題7】 油圧装置の異常時の対応措置に関する記述のうち、適切なものはどれか。

イ　油圧シリンダで息つき現象が発生したので、配管系の空気抜きを実施した。

ロ　油圧サーボ弁のごみによる故障が多いので、150μmのフィルタを使用した。

ハ　アキュムレータの脈動吸収能力が低下したので、封入ガス圧を回路の設定圧力の100%にした。

ニ　作動油の温度が上昇したので、クーラを設置して20℃に抑えた。

【解説7】
イ　息つき現象とはお互いに摺動する2面のすべり速度が、小さいときに発生する現象で、振動や異音を発する。この原因には種々のことが考えられるが、配管系の空気抜きをするのも1つの解決法である。

ロ　油圧サーボ弁には清浄な作動油が必要である。フィルターで、作動油中0.5～30μmの微粒子を除去するものを使用するべきである。150μmというのは不適と考える。

ハ　封入ガス圧は回路の設定圧力の70%程度とする。

ニ　作動油の温度は通常30℃～40℃程度である。

【問題8】 電磁弁の作動不良の対応処置のうち、適切でないものはどれか。

イ　定格信号が入っていないか、使用電圧が低下していないか、電圧を間違えていないかを点検して定格範囲内に直す。

ロ　弁体のゴムが膨潤している場合、不適正油の使用、劣化物の混入を調査する。

ハ　弁体への油の劣化物の混入を調査し、電磁弁にマフラーを設置する。

ニ　制御回路の漏れ電流が復帰電流値より大きいので、漏れ電流対策を行う。

【解説8】 電磁弁のトラブルは、アクチュエータの作動異常という現象で表面化する。電磁弁は、粘着性をもつカーボンやタールにより、誤作動、切

換応答遅れ、繰返し精度不良などが発生する。水分、ゴミなどの不純物が、ガスケットや手動操作穴から侵入し、鉄心部の錆付き、スプールの固着を起こし動作不良を起こす。メタルスプールの場合は、圧縮空気の質によりかみ込み固着を起こし、動作不良になる。また、設備の配置替えなどのとき、古い配管と接続すると動作不良になる。

　電磁弁の作動不良には、次のような原因がある。

１．エアの流量・圧力の不足

　エアの流量が不足すると、切換えの応答性にばらつきや遅れがみられる。

２．電圧低下

　一般に低格電圧の＋10％、－15％で作動するように設計されているが、この範囲であれば作動不良にならない。

３．プランジャの固着

　鉄心とプランジャの上部に異物が挟まるとプランジャは非通電になっても下がらなくなる。処置としては分解して元通りにする。

４．コイル焼損

　コイルの焼損は、鉄心とプランジャの間にかみ込まれた異物に過電流が流れ、発熱することによって生じる。

５．シール不良

　パイロット排気口からエアが漏れている。

６．スプールの固着

　ドレン、カーボン、タールなどがスリーブとスプールの間に入り、固着現象を起こし、切換え不良になる。固着防止のためにはソフトパッキンを使用する。

７．スプールの異物のかみ込み

　メタルタイプのスリーブとスプールの間のクリアランスは５μあり、この中に異物がかみ込むとロック現象になる。

８．スプールのシール不良

　メタルタイプのスプールは一定のクリアランスがあり、常時一定のすき間がある。ソフトタイプのスリーブ、スプールの場合は固着現象の発生は起こりにくいが、シール不良から空気漏れ、排気ポートからの空気漏れなどが発生する。

９．スプリングの作動不良

　プランジャの復帰用スプリングが、疲労による復帰不良がある。

10．パイロット流路の閉塞

　電磁弁内部のパイロット流路は 1 mm くらいに細くなっており、ドレン、ゴミ、タール、カーボンが付着して流路を閉塞する。そのため応答性不全や誤作動が生じる。

　表 4-1 に電磁弁の作動不良現象と対策を示す。

表 4-1　電磁弁の作動不良現象と対策

現　象	原　因	対　策
電磁弁のうなり・振動	・取付ボルトの緩み	増締
	・電圧低下	電源・配線の修正
	・ソレノイドの不完全接触	プランジャーコア間の異物を排除
	・鉄心の変形、亀裂 ・コイルの変形、緩み ・残留磁気	分解点検
電磁弁のコイル焼損	・カーボン粉、オイル劣化物がスプールとスリーブの間に固着	ミストセパレータの追加
	・ドレンが、スプールとスリーブ間に固着	エアドライヤによるドレン除去
電磁弁の作動不良	・リード線コイル断線 ・配線接続不良 ・電圧降下	修理
	・鉄心部の錆つき	防水対策
電磁弁が切換わらない	・切換え信号の発信時間が短い	・発信時間を長くとる ・継電器特性を考慮する
	・弁の摺動抵抗が大きい、潤滑不良、Oパッキンの変形（膨張、潤滑、弾性変化）	・潤滑を行う ・Oリングなどのパッキン交換
	・ゴミなどが弁座、摺動部にかんでいる	・ゴミなど除去
	・ばねの折損	・ばねの交換
	・弁操作が小さい	・弁操作部点検
	・パッキン摩耗（ピストン式）	・パッキン交換
	・ダイヤフラムの破れ（ダイヤフラム式）	・ダイヤフラム交換

【問題9】機械の主要構成要素に生じる各種欠陥に関する記述のうち、適切でないものはどれか。

イ　フレッチングとは、接触する2面間が、相対的な繰り返し微小滑りを生じて摩耗する現象をいう。

ロ　遠心分離機の回転軸が段付部から折損した原因のひとつとして、段付部への応力集中が原因と考えられる。

ハ　ポンプの吸込み配管に生じたキャビテーションによる振動で、メカニカルシールが漏れに至った。

ニ　ポンプの吸込み配管に生じるキャビテーションは、配管系のNPSH（有効吸込ヘッド）が充分な場合に生じることが多い。

【解説9】フレッチング（fretting）とは、接触する2面間が、相対的な繰り返し微小すべりを生じて摩耗する現象をいう。普通の往復すべり摩耗とは異なるメカニズムで損傷が生じるといわれており、雰囲気の影響を強く受ける。摩耗状態がブリネル圧こんに類似するときは、フォールスプリネリングという。

【問題10】歯車のトラブル処置に関する記述のうち、適切でないものはどれか。

イ　破損した歯車の破断面にビーチマークが観察されたので、疲労破壊と推定し、歯車にかかる荷重を軽減することにした。

ロ　歯車の歯面にバーニングが見つかったが、歯形形状が正常であったので、潤滑油を高粘度のものに変更し再使用した。

ハ　潤滑が正常であるにもかかわらず歯車にピッチングが発生したので、歯面浸炭した予備品と交換した。

ニ　異音がするので分解し、歯面を観察すると歯面にスコーリングが発生していたので、歯車を取り替えると共に潤滑剤を高粘度のものに変更した。

【解説 10】バーニングは、過度の速度や荷重の条件または潤滑条件の不良、外部からの加熱が原因であるので、潤滑油の油量の増加、速度や負荷条件の見直しも必要となる。

【問題 11】機械設備の異常における対応処置に関する記述のうち、適切なものはどれか。

イ　転がり軸受「6313」を使用していたが、軸受振動を小さくするために、同じ寸法の「6313C2」に取り替えた。

ロ　はめあい部にフレッチングコロージョンが発生していたので、対策としてはめあいをゆるくした。

ハ　高温環境下で使用しシール部が変形していたので、ふっ素ゴム製シールをニトリルゴム製シールに変更した。

ニ　滑り軸受にオイルホイップ現象が生じたため、強制振動対策を実施することにした。

【解説 11】

イ　転がり軸受のすき間は、C2、CN、C3、C4、C5 の順に大きくなるので、軸受振動対策としてすき間が小さい軸受に取り替えることが正しい。

ロ　フレッチングコロージョンは軸受と軸とのはめ合いが緩い場合に発生するので、はめ合いをきつくしなければならない。

ハ　ニトリルゴムシールの耐熱温度は約 120℃で、ふっ素ゴムは約 230℃であるので高温環境下では使用できない。

ニ　オイルホイップ現象は強制振動対策でなく、自励振動対策が必要である。

5. 潤滑・給油

【問題1】境界潤滑に関する記述のうち、誤っているものはどれか。

イ　面圧増加、粘度低下及び速度減少に伴って潤滑膜は薄くなり、流体潤滑から境界潤滑に移行する。

ロ　境界潤滑の摩擦係数は、流体潤滑の摩擦係数より大きく、乾燥摩擦や固体潤滑の摩擦係数より小さい。

ハ　境界潤滑は、摩擦係数が大きく温度上昇が増すため、高速には適さない。

ニ　境界潤滑における焼付き防止や摩耗防止は、潤滑油の粘度のみで決まる。

【解説1】潤滑状態は、（A）流体潤滑、（B）境界潤滑、（C）固体潤滑、に分けられる。流体潤滑はお互いに摺動する金属二面間に十分な油膜が存在し、完全に分離されている状態、境界潤滑は油の分子と金属表面とで吸着膜を形成し、金属の直接接触を防止している状態、固体潤滑では金属表面に極圧膜を形成して、その表面を保護する状態をいう。（図5-1）

　境界潤滑では、極圧添加剤を潤滑油に添加することにより、金属表面に極圧膜を形成し、金属表面を保護することができる。

図 5-1　潤滑の状態

（A）流体潤滑

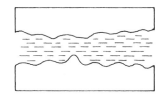

（B）境界潤滑

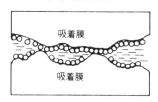

（C）固体潤滑

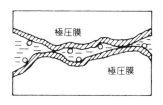

【問題2】流体潤滑に関する記述のうち、誤っているものはどれか。

イ　粘性潤滑膜による潤滑を流体潤滑という。

ロ　流体潤滑が成立するかしないかは、十分な油膜圧力が保持できるかできないかで決まる。

ハ　油膜圧力は、滑り面における油の流路の狭まり、油膜を挟む二面の近寄りおよび外部からの摩擦面への圧油の供給のいずれかによって与えられる。

ニ　流体潤滑の摩擦係数は、油の粘度低下、速度減少、荷重増加とともに大となる。

【解説2】流体潤滑ではその摩擦係数は介在する潤滑剤によって決まるものである。

【問題 3】 グリースの特徴に関する記述のうち、適切でないものはどれか。

イ　一般極圧グリースはカルシウム石けん基のグリースに酸化鉛を添加したもので、耐圧性、耐熱性に優れたグリースである。

ロ　二硫化モリブデン系グリースのペースト状のものは、初期の焼付き防止を図るため、あらかじめ摩擦面に塗布する場合がある。

ハ　リチウム基極圧グリースは、リチウム石けんに酸化鉛を加えているため、耐圧性、耐熱性、機械的安定性に優れている。

ニ　耐熱グリースは高温になるにつれて、油分蒸発などにより硬化するものと軟化するものがあるため、摩擦の状態により選定が必要である。

【解説 3】 グリースは、液状潤滑剤と増ちょう剤を混ぜて作った半固体糊状または固体状の潤滑剤である。摩擦面に粘着しても流出することなく、摩擦熱でグリースの一部が溶けて潤滑効果を上げる。グリースの性質と用途を表 5-1 に示す。

表 5-1　グリースの性質と用途

名　称	性　質	用　途
カップグリース	主として精製鉱油とカルシウム石けんから成る。 耐水性に優れ水に触れても乳化しない。 耐熱性が悪く60℃以上では使用できない。 高速回転には不向き。油膜強度が小さい。 バター状を呈している。	一般機械用に広く使われ、全需要の 50%を占める。 低速～中速用平軸受などに使用される。 値段は比較的安い。
ファイバグリース	精製鉱油とナトリウム石けんから成り、短繊細バター状のものと、繊細性のものがある。油膜強度は比較的大きい。 滴点は 170℃。高温に耐えられる。 耐水性が悪く乳化しやすい。	一般機械の中荷重・低～高速用。 すべり軸受、転がり軸受に使用される。
グラファイトグリース	精製鉱油とカルシウム石けん、あるいはナトリウム石けん及び黒鉛 4～6%から成る。耐熱性、耐水性に優れている。グラファイトの減摩性がある。 バター状または短繊細バター状。	耐熱、耐水性を必要とする軸受。 油膜強度は比較的大きい。
モービルグリース （アルミニウムグリース）	精製鉱油とアルミニウム石けんから成る。 流動性で滴点 60～80℃。 油膜強度は大きく、金属への粘着性大。 防錆能力あり。	低～中速用。 粘着性も必要とする個所。 振動の多い個所の潤滑。
ギヤコンパウンド	鉱油とアスファルトなどから成る。 強い粘着性と油膜構成力あり。 耐水性も良い。	重荷重の低速用。 鉄道車両やボールミルなどの重荷重の歯車潤滑用。

【問題４】潤滑油に関する記述のうち、適切なものはどれか。

イ　鉱物性潤滑油は、植物性潤滑油よりも安定性が劣る。

ロ　潤滑油の極圧添加剤として、りん、硫黄などの化合物が使用されている。

ハ　粘度指数が小さい潤滑油は、粘度指数が大きい潤滑油よりも温度による粘度変化が小さい。

ニ　潤滑油の使用に際し、冷却効果は期待できない。

【解説４】鉱物性潤滑油（鉱物油）は、石油原油から精製され、組成が炭化水素のみから成るものをいう。製法としては、原油を蒸留装置にかけ、分留したときに生じる留出油か釜残油を原料として製造されたものである。特徴は安価であり、冷却性に優れていること。スピンドル油、冷凍機油、ダイナモ油、タービン油、マシン油、モビール油、シリンダ油がある。

　動・植物性潤滑油は、鉱物油より使用度は低いが、高負荷・高圧力で給油が不十分なところに用いる。

特徴としては、

①油膜力が大きく潤滑性が良い。

②温度上昇による粘度変化が少ない。

③化学的安定性が悪い。

などがあげられる。

　動物油には牛脚油、牛豚脂油、植物油にはひまし油（カストル油）、白しめ油（菜種油）などがある。

　摩擦部分に油膜が存在し、接合する二つの面が流体潤滑状態であれば、二面間は厚い油膜により分離され、金属同士の接触は生じないが、摩擦の増大あるいは摩耗をともなった境界潤滑の状態になると、焼付きまたは融着に発展する。このような条件下で潤滑油の極圧性能を向上させる添加剤が極圧添加剤で、強い吸着膜を形成する油性剤と、摩擦熱による極圧膜を作る極圧剤がある。通常 0.5 ～ 1 ％添加して使用される。極圧添加剤としては有機硫黄化合物や有機ハロゲン化合物がある。

　潤滑油の粘度は低温で高く、高温で低くなる。この変化の割合が粘度指数（VI）である。潤滑油の粘度は圧力によっても変化し、一般に圧力が増加すると粘度も高くなる。

潤滑剤に期待されている機能は、次のようにいろいろある。
①摩擦を低下させ接触面を円滑にすること。
②摩耗を防止すること。
③機械を冷却し、発熱・焼付きを防止すること。
④集中応力の発生を防ぎ、応力を分散させること。
⑤摩擦面から汚れや異物を洗浄し、機械を清浄に保つこと。
⑥機械の防錆・防食を行うこと。
⑦振動や騒音をやわらげること。
⑧エネルギーを伝達すること。

【問題5】噴霧潤滑に関する記述のうち、適切でないものはどれか。
イ　圧縮空気を使用して、油を霧状にして潤滑するため冷却性がよい。
ロ　少量の油で潤滑効果があり、常に新しい油を給油できる。
ハ　戻りの配管が必要となり、装置が複雑である。
ニ　集中潤滑装置による自動化が容易に行える。

【解説5】噴霧潤滑はオイルミスト潤滑ともいい、圧縮空気で油を霧状にし、摩擦面に吹付け給油する方法。油とともに多量の空気を送り込むので冷却作用が大きく比較的少量の油で有効な潤滑ができる。給油量と空気量を別々に調整できる。
　図5-2に噴霧潤滑の原理を示す。

図5-2　噴霧潤滑の原理

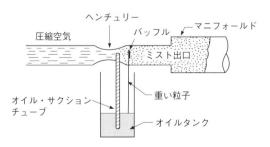

　噴霧潤滑は多くの効果が得られ、オイルミスト・ユニットには、回転部、摺動部、振動部がないため、メンテナンスフリーとすることができる。噴霧潤滑の効果は次のようになる。

①油もれ、油汚れの防止

　オイル・ミストは消費される量と同量が供給されるため、余分な油の浪費がなく、油もれもなく潤滑油費を低減できる。周囲を汚染しない。

②軸受寿命の延長

　適油量を常に新しいオイルで軸受に供給でき軸受寿命が延びる。

③異物の侵入防止

　軸受箱内にオイル・ミストの内圧があるので、外部から粉じんや水滴などの侵入がない。

④気温の影響がなく給油量が一定

　エア温度とオイル温度を常に一定に保っているため、外気温度の変化の影響を受けずに一定の給油ができる。

　集中給油についても整理しておく。

（1）集中給油装置

　集中給油装置の特性を大きく分けると、次の3つとなる。

1）吐出量の調整ができる

　並列作動の場合は、各軸受ごとに吐出量の調整ができ、適量の給油ができる。分配弁の吐出容量の範囲で、機械の運転条件に合せて調整することができる。

2）給油個所数の増減が簡単

　並列作動において設置後に、給油個所が増えた場合、主管からの分岐により、分配弁の追加が容易にできる。

3）分配弁の詰まりを表示

　詰まりの異常発生時には、その系統全体が停止するので警報をが出やすい進行作動形のシステムを採用する。

（2）集中給油装置の効果

1）給油量の適正化

　分配弁により適量給油が行われるので、給油の過不足をなくし、潤滑剤のロスがなくなる。

２）労力の節減

　人力による給油作業を節減できる。

３）危険の防止

　人が給油のために危険な箇所へ近寄る必要がなく、事故防止につながる。

４）機械のロスタイムの節約

　給油作業による機械のロスタイムがなくなり、稼働率が向上する。

５）潤滑剤に異物混入の防止

　タンクから軸受まで密閉された配管のため、異物が混入せず、常に清浄な給油ができる。

【問題６】 グリースの増ちょう剤に関する記述のうち、適切でないものはどれか。

イ　グリースは、増ちょう剤の微小粒子が集合してスポンジ状となり、そこに基油が含浸されてゲル構造を形成している。

ロ　Ca 石鹸基、Na 石鹸基、Al 石鹸基、Li 石鹸基および Ca 複合石鹸基は、増ちょう剤として用いる石鹸基である。

ハ　シリコングリースは、増ちょう剤として Li 石鹸基を、基油としてシリコン油を用いており、耐熱用など用途が幅広い。

ニ　増ちょう剤として用いる非石鹸基には、石英、雲母、黒鉛およびセラミックスがある。

【解説６】 石英、雲母、黒鉛およびセラミックスは固体潤滑剤であり、増ちょう剤でない。増ちょう剤とは使用温度範囲において不溶な親油性のある固体で、種類は金属石けん系と非石けん系があり、非石けん系にはウレア、PTFE、ベネトンなどがある。

【問題7】潤滑方式に関する記述のうち、適切なものはどれか。

イ　油浴潤滑では、温度上昇や酸化防止のためにできるだけ多く給油する。

ロ　集中潤滑では、グリースは使用できない。

ハ　滴下潤滑で灯心を使用したものは、微量のゴミが混入しても潤滑不良となる。

ニ　強制潤滑とは、圧力によって潤滑剤を潤滑部へ供給する方式である。

【解説7】

イ　原則として1段減速機の場合は歯の高さまでの給油する。

ロ　グリースも集中給油できる。

ハ　灯心給油では微量のゴミが混入しても給油が可能である。

【問題8】油の汚染管理に関する記述のうち、適切なものはどれか。

イ　サーボ弁に使用する油のNAS等級は、9級以下が好ましい。

ロ　SOAP法やフェログラフィ法を用いて潤滑油を分析することで、潤滑部の損傷状態を判定することができる。

ハ　水分の含有率が1%以下であれば、潤滑油の劣化に影響しない。

ニ　ISO粘度分類は、20℃における流動速度から潤滑油の粘度グレードを付けて表示するものである。

【解説8】

イ　NAS等級は、7級以下が好ましい。

ハ　水分の含有率が0.1%以下である。

ニ　ISO粘度分類は、40℃における流動速度から潤滑油の粘度グレードを付けて表示する。

6. 機械工作法

【問題1】フライス加工に関する記述のうち、適切でないものはどれか。

イ　上向き削りにおいては、切りくずが切り刃の邪魔をしない。

ロ　上向き削りは、下向き削りよりも刃先の摩耗が小さい。

ハ　下向き削りは、上向き削りよりも削り面が滑らかである。

ニ　下向き削りは、上向き削りよりもフライスの寿命が長い。

【解説1】フライス加工における、上向き削りの短所と下向き削りの長所・短所を列記する。

　　上向き削りでは短所として、

（1）切刃が工作物に接触してもアーバのたわみ・軸受すき間のため、刃物が上方へ逃げる。

（2）刃先がすべりを起こして食い込まず、ある程度刃先が進行して食い込むため、フライスの摩耗が早い。

（3）工作物（被切削物）が上方へ持ち上げられるような力を受けるため、ベッドの取り付けに注意する必要がある。

　　下向き削りでは長所として、

（1）すべり作用を起こさずに切削が開始される。

（2）切り刃の寿命が増す。

（3）動力損失が少ない。

（4）滑らかな仕上げ面が得られる。

（5）切削能率を増す。

　短所として、

（1）切削力の水平分力の影響でテーブルに振動が生じやすい。

（2）テーブルの送り機構にバックラッシュ除去装置を設け、構造を頑丈にする必要などがある。

【問題2】ボール盤に関する記述のうち、適切でないものはどれか。

イ　一般に、使用するドリルの先端は、シンニングを施す。

ロ　はん用ボール盤では、あらかじめドリルの先端の食いつきをよくするためセンタ穴ドリルで、もみつけをするとよい。

ハ　ストレートシャンクドリルの全長は、溝長の長さで表す。

ニ　ドリルによる穴あけのとき、切りくずの排出をよくするため、水平方向から、あける方法もある。

【解説2】ストレートシャンクドリルはその大きさは全長で表す。溝長とは区別される。

【問題3】工作機械に関する記述のうち、適切でないものはどれか。

イ　形削り盤の早戻り機構は、削り行程に比べて、戻り行程の速度を早くして、作業する時間を短縮する。

ロ　直立ボール盤の大きさは主軸の径と振りで表す。振りとは主軸の中心からコラム表面までの距離をいう。

ハ　フライス盤で軽合金・アルミニウムなどを削る場合、切りくずの排出をよくするために、刃数の少ないフライスを使う。

ニ　研削盤のといしの選択で、硬い材質の工作物には、結合度の弱いものを使用する。

【解説3】

イ　早戻り機構という通り、戻り行程時間が短い。

ロ　JIS B 6013「工作機械の仕様項目」のうち、直立ボール盤では、主軸の径ではなくテーパ穴の形式・番号となっている。

ハ　軽合金、アルミニウムなどの切削では鋼に比べ刃数の少ないフライスを使う。

ニ　砥石（といし）は硬い材質の工作物には結合度の弱い（低い）ものを使用する。

以上の説明からわかるように**ロ**が適切でない。

【問題4】機械工作法の記述として、適切でないものはどれか。

イ　電子ビーム加工は、電子ビームを工作物に当て、その部分を溶融・蒸発によって除去する加工である。

ロ　レーザー加工は、光エネルギーを熱エネルギーに変換し工作物を局部的に加熱し微細な加工をする。

ハ　化学研磨は金属の表面仕上げの一つで、工作物の表面の全体を化学的に溶解し粗い表面を得る加工法である。

ニ　フォトエッチングは、写真製版技術の応用で、複雑な電子部品のプリント配線などに用いられる。

【解説4】

イ　電子ビーム加工装置は、その構造を示すと**図6-1**のようである。加熱フィラメントから放出される熱電子を高電圧で加速し、収束レンズで絞って加工物に衝突させると局部的に溶融・蒸発する。

この技術を使って切断、溶接、溶解、蒸着などの加工が出来る装置である。

ロ　レーザ加工は指向性、大出力特性をもったレーザ光を適当なレンズ系を通して、加工物に集光照射し、穴あけ、切断、溶接、熱処理などを行う。（**図6-2**）

電子ビーム加工と比較して、真空を必要としないこと、絶縁物でも容易に加工できるなど利点が多い。

図6-1　電子ビーム加工装置の構造

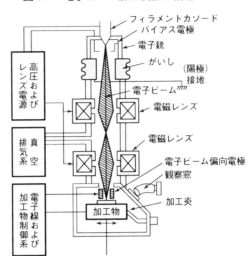

図6-2　レーザ穴あけ加工機の構造図

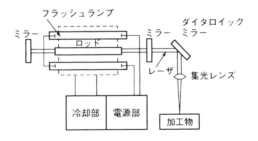

ハ　化学研磨は金属の電池作用によりその表面を光沢化し、表面粗さを平滑化するものである。粗い表面を得る加工法ではない。

ニ　フォトエッチング法は被加工材の金属板上に一定の図柄を有する皮膜を写真技法を用いて形成させ、露出部を化学的に溶解させ穴あけ、溝加工などを行う技法である。プリント回路板の製作などに利用されている。

　以上の説明からわかるようにハが適切でない。

【問題5】機械工作法に関する記述のうち、適切でないものはどれか。

イ　汎用旋盤による細長い円筒状の両センタ加工でテーパが生じたときには、心押台で調整できる。

ロ　万能フライス盤は、テーブルが水平面で旋回できるのが特徴である。

ハ　バニシ仕上げは、工作物の表面に硬い工具を高い圧力で押し付けながら滑らせ、塑性変形を利用して均一な面を仕上げる方法である。

ニ　ホーニング加工は、2面の仕上げ面をお互いに摺動させる加工法である。

【解説5】

イ　両センタによる旋盤作業でテーパが生じたときは、心押台を軸心に対して、ごくわずか移動させて調整できるように工夫されている。

ロ　主要部は横フライス盤と同じだが、テーブルが水平面で旋回できるため、ねじれ溝加工が行えるのが万能フライス盤の特徴である。

ハ　バーニッシュ（burnish）とは、みがく、つや出し、などの意味があり、この意味通り工作物の表面の仕上法の1つである。

ニ　周辺にいくつかのといしを取付けたホーンと呼ばれる回転工具を使って、といしに圧力を加え、多量の研削液を注ぎながら穴内面で回転運動と往復運動をしつつ内面を精密に仕上げる加工法である。エンジンのシリンダー内面仕上げに適用されている。（図6-3）

図 6-3　ホーニングの例

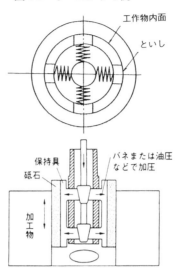

【問題6】機械工作法に関する記述のうち、適切なものはどれか。

イ　万能フライス盤は、一般に、立てフライス盤よりも重切削に適している。

ロ　放電加工では、電圧と電流を適切に調整すれば、加工液の噴射量にかかわらず安定した加工ができる。

ハ　電子ビーム溶接では、異種金属の溶接はできない。

ニ　マシニングセンタは、多工程の切削加工が自動的にできる。

【解説6】マシニングセンタは図6-4に示すように多数の切削工具の交換装置をもち、材料の自動供給装置を備えたものもある。数値制御により運転が行われる。

図6-4　マシニングセンタ

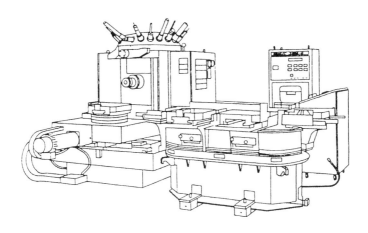

【問題7】溶接に関する記述のうち、適切でないものはどれか。

イ　アーク溶接機には、交流と直流がある。

ロ　電流の大きさは、溶接する板厚が厚くなるにしたがい大きくなる。

ハ　電子ビーム溶接は、異種金属の溶接はできない。

ニ　被覆アーク溶接での被覆剤（フラックス）は、アークの安定、溶融金属の精錬作用、急冷を防ぐ効用がある。

【解説7】電子ビーム溶接は真空中で発生させた高速の電子ビームを被溶接物にあて、その衝撃発熱を利用して行う溶接である。（図6-5）

　真空中で行うため、大気と反応し易い材料も容易に溶接することができる。ただし限られた真空室の中で行うので大きさに制約を受ける。また同種金属がよい。

　金属の接合方法を分類すると、金属を完全溶融状態として接合する融接と、半溶融状態に圧力を加えて接合する圧接とがある。さらに細分すると図6-6のようになる。ところでシーム溶接とは電気抵抗溶接に含まれる溶接法であり、その方式を図6-7で示す。すなわちローラ状の電極で上下方向から金属材料を挟み、ある一定の力を加えローラを回して金属を送りながら連続溶接を行う。

図6-5 電子ビーム溶接

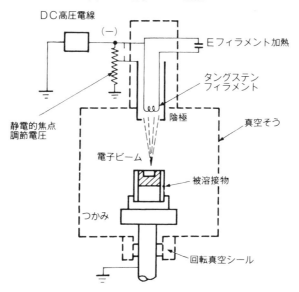

図6-6 シーム溶接法

溶接法
- 融 接
  - アーク溶接
  - ガス溶接
  - テルミット溶接
- 圧 接
  - 電気抵抗溶接
  - 冷間圧接
  - 鍛 接
- ろう付け

図6-7 シーム溶接

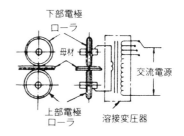

【問題8】切削加工に関する記述のうち、適切でないものはどれか。

イ　フライス加工では、面削りが主体である。

ロ　旋削加工では、円筒状の内・外径削りが主体である。

ハ　研削加工では、フライス削りや旋削加工での工具を砥石におきかえた
ものと考える。

ニ　中ぐり加工では、内・外径の円周削りを行う。面削りも可能である。

【解説8】それぞれの加工パターンを図6-8で示す。

図6-8　切削加工のいろいろ

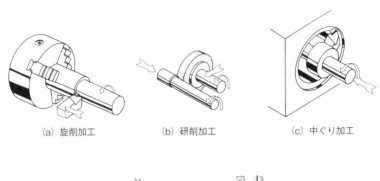

(a) 旋削加工　　　　　(b) 研削加工　　　　　(c) 中ぐり加工

 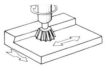

(d) 穴あけ加工　　　　　(e) フライス加工

【問題9】機械工作法に関する記述のうち、適切でないものはどれか。

イ　超音波加工法は、超音波周波数で振動する工具を砥粒を介して、加工物の穴あけ、切断、仕上げ、彫刻などを行う。

ロ　マシニングセンタは、刃具の位置制御を自動的に行う。また、切削工具の交換装置を持つ。

ハ　レーザ加工は、例えば CO_2 レーザを用いて真空中で加熱、溶接、切断などを行う加工法である。

ニ　電子ビーム加工法は、電子ビームを利用して、切削、溶接、溶解、蒸着などの加工ができる。

【解説9】

イ　利用する超音波周波数は 15 ～ 30KHz である。

ロ　マシニングセンタの稼動にあたって、はじめに熟練技能者によるプログラミングを行うこと。

ハ　レーザ加工は真空を必要としないのが特徴である。

ニ　電子ビーム加工は、真空中での作業が必要である。

【問題10】ガス溶接に関する記述のうち、適切でないものはどれか。

イ　酸素―アセチレン溶接の炎の温度は、溶接トーチの火口の白心先端から 2～3mm のところがもっとも高い。

ロ　ガス溶接は、炭素鋼以外のものは溶接できない。

ハ　酸素ガスは、アセチレンガスより比重が大きい。

ニ　酸素容器の色は黒色で、溶解アセチレンの容器の色は褐色である。

【解説10】ガス溶接は、可燃性ガスと酸素が結び付き、燃焼する際に発生する熱を利用して金属同士を溶かして接合する溶接方法で、ステンレスやアルミニウムでも溶接可能である。

7. 非破壊検査法

【問題1】超音波探傷試験について、適切なものはどれか。
イ　超音波探傷試験は、材料の表面欠陥の検出に用いられる。
ロ　超音波探傷試験では、表面から欠陥までの距離は推定できない。
ハ　超音波探傷試験によると、欠陥の大きさや形状も分かる。
ニ　超音波探傷試験は、非磁性材料にも適用できる。

【解説1】超音波探傷試験は、超音波を試験物の一面から入射させ、他の端や内部の欠陥からの反射波をとらえて増幅し、オシロスコープなどで、反射波を観察する方法である。（**図7-1**）試験物の大きさや形状に左右されずに検査できる利点があり、材料内部の欠陥を知ることができる。
　材料内部の巣など深さ方向に関わる欠陥が容易に観察でき、非磁性材料にも適用できる。ただし大きさや形状についてはむずかしい。

図7-1　超音波探傷法（パルス反射法）

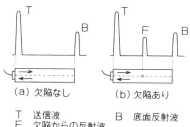

（a）欠陥なし　　　　（b）欠陥あり

T　送信波　　　　　B　底面反射波
F　欠陥からの反射波

【問題2】放射線透過試験法について、適切でないものはどれか。

イ　放射線透過試験は、凹凸が多いほど、内部の欠陥が鮮明に検出される。

ロ　放射線透過試験は溶接個所や鋳物の内部欠陥を知るのに用いられる。

ハ　放射線透過試験には、X線、γ線を用いる。

ニ　放射線透過試験は、厚肉のものほど波長の短いものを用いる。

【解説2】放射線透過試験は、X線（エックス線）またはγ線（ガンマ線）などの放射線を試験体に照射し、内部の欠陥の状況を裏側においたフィルムに撮影するか、または透視で観察する方法である。

また放射線浸透試験は、透強さ I_0 波長 λ の放射線が厚さ d の物体を通過すると強さは I に減少し、$I = I_0 e^{-\mu d}$ の関係にある。ここに μ は吸収係数といい波長の3乗に比例する。このことから、通過後の I をある程度保持するには d が大きいとき μ は小さく、すなわち波長 λ の小さいものを用いると有効である。凹凸には関係ない。

【問題3】磁粉探傷試験についての記述で、適切なものはどれか。

イ　磁粉探傷試験は、磁性材料の表面に欠陥がある部分に磁粉が集まる。

ロ　磁粉探傷試験は、アルミニウム材料に適用できる。

ハ　磁粉探傷試験は、黄銅の非破壊検査として用いられる。

ニ　磁粉探傷試験で鋼材のき裂を検出するとき、磁力線の方向はき裂の方向と平行にするとよい。

【解説3】磁粉探傷試験とは鋼や鋳鉄、ニッケルなどの強磁性材料の表面近くにき裂などの欠陥がある場合、その材料を磁化すると、欠陥の近くでは磁束が歪んで表面から外部に漏れる。（図7-2）このところに強磁性の粉末をふりかけると磁粉となって欠陥部分に集まり、欠陥を目視することができる。

ただし、この方法は非磁性材料には使用できない。

磁粉探傷法が適用できる材料は鋼や鋳鉄など強磁性体でなければならないのでアルミニウムや黄銅などの非磁性体には使えない。

　平行な磁力線では漏洩磁場がほとんどないため、磁場の方向は磁力線が発見しようとする欠陥に対し、直角になるように磁化する必要がある。

　磁粉として鉄粉および酸化鉄などが用いられ、蛍光を発する磁粉も用いられる。（図7-3）

図7-2　磁束の漏れ

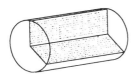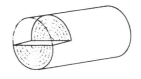

図7-3　欠陥部における磁粉模様の形成

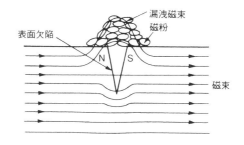

【問題4】　ＡＥ試験についての記述で、適切でないものはどれか。

イ　ＡＥ試験は、クラックが発生するときや成長するときに生じる弾性波動を検出するものである。

ロ　ＡＥ試験は、圧力容器の水圧テストとして用いられる。

ハ　ＡＥ試験によれば、機械を分解をしなくても検査ができる。

ニ　ＡＥ試験は、磁性のない材料には適用できない。

【解説4】　AE とはアコースティック・エミッション（Acoustic Emission）の略である。これは固体が、変形あるいは破壊するときに音が出る現象を意味する。

　一般に金属構造物に外力が加わると、はじめは弾性変形し荷重が増すと

塑性変形域に入る。このとき部材には極めて微細な割れが発生する。割れが発生した時に弾性波として、超音波が発生、放射される。これをあらかじめAEセンサーでキャッチし、き裂進行の有無を診断するものである。

したがって、磁性の有無は関係ない。（**図7-4**）

図7-4　ＡＥの計測基本回路

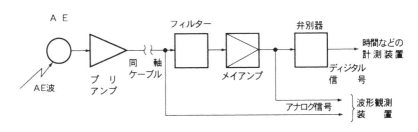

【問題5】ひずみゲージによる非破壊検査に関する記述のうち、適切でないものはどれか。

イ　ひずみゲージは、構造物のひずみを想定する検査法で、構造物の応力分布も測定できる。

ロ　ひずみゲージは、構造物のひずみに伴うゲージの変形による電気抵抗値の変化を計測し、ひずみの大きさを測定できる。

ハ　ひずみゲージは、変形に伴う電気抵抗値の変化を測定するので、温度の影響を受けにくいのが特徴である。

ニ　ひずみゲージにおける電気抵抗の変化の計測には、ホイートストンブリッジ回路を用いて、電圧の変化として測定するのが一般的である。

【解説5】ひずみ（strain）とは、材料に荷重が加わって応力が発生すると同時に生じる変形のこと。または、この変形量のもとの長さに対する割合、ひずみ度を指すことである。

$$ひずみ（度）＝\frac{変形量}{もとの長さ}＝\frac{\Delta \ell}{\ell}$$

ひずみ計（strainmeter）は、荷重を受けた状態にある機械の部分や、構造物の変形量を測定するものである。

　いわゆるストレンゲージ（strain gauge）というのは、抵抗線ひずみ計用ゲージ（wirestrain gauge）で、細い抵抗線に加わるひずみによって電気抵抗が変化することを利用した測定用素子をいう。ロードセル（load cell）は、抵抗線ひずみ計を利用した荷重測定器である（**図 7-5**）。**図 7-6** にストレンゲージ用計器の種類を示す。

図 7-5　ロードセル

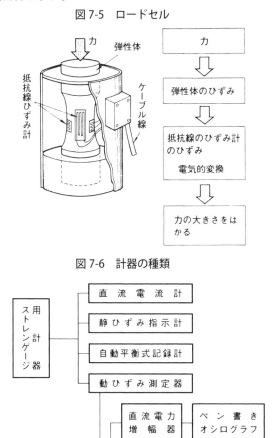

図 7-6　計器の種類

　なおゲージには、格子形、ロゼット形、はく形、半導体形があり、ゲージのベースの材料によって、ペーパゲージ、ベークライトゲージ、ポリエステルゲージなどがある（**図7-7**）。**図7-8**に測定法を示す。温度による影響を受けやすい。

図7-7　ゲージの種類

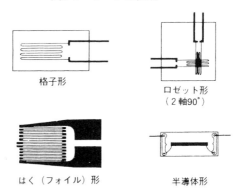

格子形

ロゼット形
（2軸90°）

はく（フォイル）形

半導体形

図7-8　測定法

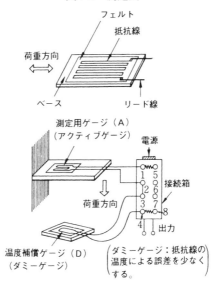

フェルト

抵抗線

荷重方向

ベース

リード線

測定用ゲージ（A）
（アクティブゲージ）

電源

接続箱

荷重方向

1　5
2　6
3　7
4　8

出力

温度補償ゲージ（D）
（ダミーゲージ）

（ダミーゲージ：抵抗線の
温度による誤差を少なく
する。）

【問題６】ひずみゲージに関する記述のうち、適切なものはどれか。

イ　ゲージ率とは、ひずみゲージの大きさと測定対象物の大きさの比である。

ロ　ひずみゲージとは、金属細線の破壊応力が、ひずみに比例することを利用したものである。

ハ　ひずみゲージにおける電気抵抗の変化は、電熱回路を用いてジュール熱の変化として検出する。

ニ　ひずみゲージは、ブリッジ回路の２辺または４辺を同種のひずみ計で構成することが多い。

【解説６】

イ　ゲージ率とは、ひずみに対する抵抗材料の抵抗変化率である。

ロ　ひずみゲージとは、金属細線の長さの変化による電気抵抗変化がひずみに比例することを利用したものである。

ハ　ひずみゲージにおける電気抵抗の変化は、ホイートストンブリッジ回路を用いて電圧の変化として検出する。

【問題７】非破壊検査に関する記述のうち、適切なものはどれか。

イ　磁粉探傷試験は、キズの深さと方向、形状及び寸法がわかる。

ロ　ブローホールは、放射線透過試験では検出できない。

ハ　染色浸透探傷試験の手順は、前処理を行い、後に表面へ油性浸透液を塗布する。

ニ　超音波探傷試験の斜角探傷は、垂直探傷に比べて探傷面に平行な広がりのあるキズに有効である。

【解説７】

イ　磁粉探傷試験は傷の「あり」、「なし」とどこにあるかを知る試験である。傷の深さ、方向、形状、寸法は判別しない。

ロ　ブローホールは鋳物品で内部の空洞をいう。放射線透過試験で検出できる。

ハ　被検査品表面に染色浸透液を塗布し、傷の位置などを知る。

ニ　超音波探傷試験は金属材料などの内部の傷の所在を知る。斜角とか、垂直とかの方向性は関知しない。

【問題8】探傷検査方法と欠陥の検査要求の組合せのうち、適切でないものはどれか。

	探傷検査方法	欠陥の検査要求
イ	超音波探傷検査	溶接部内部のスラブ巻き込みを見つけたい
ロ	渦流探傷検査	金属表層部の割れやピンホールを検出したい
ハ	浸透探傷検査	鋳物の内部傷を発見したい
ニ	アコースティック・エミッション法	すでに発生した欠陥を検出するのではなく、発生しつつある状態を検出したい

【解説8】浸透探傷検査は表面欠陥しか検出できない。鋳物の内部傷などを検出するには、放射線透過検査が適する。

8. 油圧・空気圧

【問題1】下記の回路において、シリンダの推力値が最も近いものはどれか。
　ただし、圧力 P=5MPa、ピストン径 =50mm、ロッド径 =30mm
　なお、パッキン、配管などのエネルギー損失はないものとする。

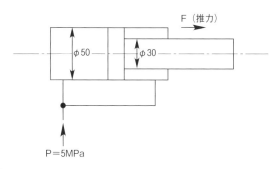

イ　1,250 N
ロ　2,500 N
ハ　3,500 N
ニ　5,000 N

【解説1】 後進時（引込み時）の理論、推力（F_2）

$$F_2 = \left(\frac{\pi \cdot D^2}{4} \cdot P \right) - \left(\frac{\pi \cdot D^2}{4} \right) \cdot P \quad [N]$$

D：油圧シリンダの内径 ［m］
d：ピストンロッドの径 ［m］
P：供給圧力 ［Pa］

　この問題は差動回路の推力の問題である。差動シリンダは「シリンダの有効面積の差を利用する」シリンダで、前進の場合、有効面積の差はロッドの断面積となり、右に前進する。

　ロッドの断面積はπd^2であり、

　したがって推力は、

$$F = \frac{\pi d^2}{4} \times P$$

で表される。

したがって図の数値を代入すると、

$$F = \frac{3.14 \times 3^2}{4} \times 5$$

$$= 35.32 \times 100 \quad [N]$$

$$= 3532$$

したがって**ハ**が正解である。

【問題2】下図の油圧回路のうち、アンロード（無負荷）回路はどれか。

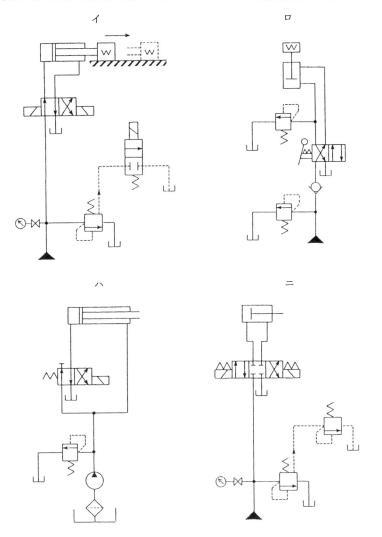

イ ロ ハ ニ

【解説2】シリンダの左右両側のポートに同時に圧油を送り、ピストンが両側から受ける力の差で移動することを利用した油圧回路である。

工作機械プレナー、プレスなどに利用されている。

【問題3】 油圧回路に関する記述のうち、適切でないものはどれか。

イ　閉回路を使った油圧装置の一つとして、車両の走行・旋回装置がある。

ロ　シリンダに負の負荷がかかる油圧回路には、メータイン回路は使えない。

ハ　ブリードオフ回路は、メータアウト回路よりも正確な速度制御ができる。

ニ　油量を制御する絞り弁をアクチュエータの出口側に設けた油圧回路は、メータアウト回路である。

【解説3】 メータイン、メータアウト、ブリードオフというのはこの流量制御弁を使って油の流量を変える場合の基本形である。

図 8-1 の①、②、③を比べてみると、頭にアクチュエータ、下にタンクの記号があり、それを結んだ回路がある。さて流量制御弁はどこにあるか。①のメータイン回路ではシリンダの入口側にあり、②のメータアウト回路ではシリンダの出口側にある。③のブリードオフ回路では、流量制御弁が横になったように書かれている。つまりシリンダと並列に付いている。

ブリードオフ回路は、ポンプからアクチュエータに流れる流量の一部をタンクへ分岐することで、アクチュエータの速度を調節する回路である。ただし負荷の変動が大きい場合には正確な速度制御はできない。

図 8-1　速度制御の油圧回路の種類

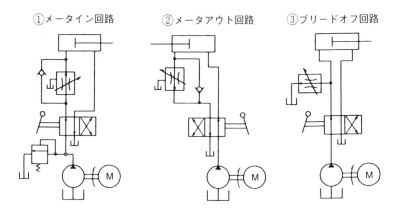

①メータイン回路　　②メータアウト回路　　③ブリードオフ回路

【問題４】油圧ポンプの性能に関する記述のうち、適切でないものはどれか。

イ　容積効率とは、実際の吐出し量に対する理論吐出し量の比をいう。

ロ　全効率とは、ポンプの軸入力に対する流体出力の比をいう。

ハ　ポンプの隙間（すきま）からの漏れ量は、圧力に反比例する。

ニ　トルク効率とは、実際のトルクに対する理論トルクの比をいう。

【解説４】漏れ量は圧力が大きくなれば多くなる傾向がある。油圧ポンプの性能と関係式を表 8-1、表 8-2 に示す。

表 8-1　油圧ポンプの性能

種類	圧力 MPa	吐出し量 〔ℓ/min〕	最高回転速度 〔rpm〕	全効率 〔%〕	連続許容油温〔℃〕	短時間許容油温〔℃〕	適正粘度 〔mm²/s〕
アキシャルピストンポンプ	7 ~ 35	2 ~ 1700	600 ~ 6000	85 ~ 95	65	80	25 ~ 40
ラジアルピストンポンプ	5 ~ 25	20 ~ 700	700 ~ 1800	80 ~ 92	65	90	10 ~ 20
歯車ポンプ	2 ~ 18	7 ~ 570	1800 ~ 7000	75 ~ 90	65	100	20 ~ 40
ベーンポンプ	2 ~ 18	2 ~ 950	2000 ~ 4000	75 ~ 90	65	90	20 ~ 40
ねじポンプ	1 ~ 18	3 ~ 5600	1000 ~ 3500	70 ~ 85	65	100	20 ~ 500

表 8-2　油圧ポンプの定義および関係式

名称	記号	単位	油圧ポンプ
押しのけ容積	D	m	軸 1 回転当たりに押しのける幾何学的体積
（作用）圧力	P	Pa/cm²	＝〔吐出し圧力 P_2〕－〔吸込圧力 P_1〕
理論容量	Q_{th}	ℓ/min	漏れがないとしたときの理想的な流量 $Q_{th}＝Dn/10^8$（n：軸の回転速度 rpm）
理論トルク	T_{th}	N・m	トルク損失がない場合のポンプの駆動トルク $T_{th}＝DP/2\pi$
流量	Q	ℓ/min	実際にポンプから吐出される単位時間当たりの油の体積 $Q＝Q_{th}－\triangle Q＝\eta_{pv}Q_{th}$　　$\triangle Q$：漏れ流量
駆動トルク（ポンプ）出力トルク（モータ）	T	N・m	ポンプ軸を駆動にするのに必要なトルク $T＝T_{th}＋\triangle T＝T_{th}/\eta_{pm}$　　$\triangle T$：損失トルク
油動力	L_o	kW	油の得た有効な動力（出力）
軸動力	L	kW	ポンプ軸を駆動するのに必要な動力（入力）
容積効率	η_{pv}		$\eta_{pv}＝Q/Q_{th}$
機械効率またはトルク効率	η_m		$\eta_{pm}＝T_{th}/T$
全効率	η		$\eta＝L_o/L＝\eta_{pv}\eta_{pm}$

【問題5】油圧機器に関する記述のうち、適切でないものはどれか。

イ　流量調整弁のバランスピストンは、作動油の温度を補償する機構である。

ロ　絞り弁は、圧力の変動があれば流量も変動する。

ハ　交流ソレノイドは、直流ソレノイドより切換時間が早い。

ニ　デセラレーション弁は、ローラによる機械操作可変絞り弁である。

【解説5】デセラレーション弁についてふれておく。デセラレーション弁は、アクチュエータへの流れを徐々に絞り、減速させる場合などに使用される弁である。テーパ状のスプールをカムなどでスライドさせ、テーパ部の絞り開度を変え、流量を減少させる構造をしている。

　図8-2にデセラレーション弁（ノーマルオープン形）を示す。

図8-2　デセラレーション弁（ノーマルオープン形）

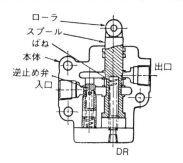

【問題6】油圧機器に関する記述のうち、適切でないものはどれか。

イ　減圧弁には、差圧一定型と2次圧一定型がある。

ロ　カウンタバランス弁は、外部ドレンである。

ハ　バランスピストン型リリーフ弁は、直動型リリーフ弁よりもオーバーライド特性がよい。

ニ　流量調整弁は、圧力補償機構を備えている。

【解説6】圧力補償付き流量制御弁のことにふれておく。これは絞り弁と違い、入口や出口の圧力が、アクチュエータの負荷によって変わっても、流量が一定になる機構になっている。

図8-3のAの部分が圧力補償をする部分で、Bの部分が絞り機構である。圧力補償をするA部は、流量制御弁の入口aまたは出口bに接続されている。アクチュエータの負荷が変動しても、bとcの圧力差が一定になるように働き、流量を一定にする。流量制御弁に送られてくる流量は、制御しようとする最大の流量より、大きくしなければならない。つまり、油圧ポンプの吐出量を、制御しようとする流量より 10 ～ 15％大きくし、常にリリーフ弁から、タンクに逃がしておく必要がある。

図8-3　圧力補償付き流量制御弁

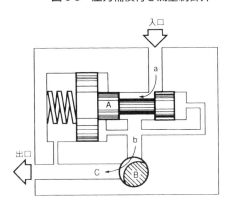

【問題7】油圧に関する記述のうち、適切でないものはどれか。

イ　一般に使用される作動油の汚染度は、NAS11 ～ 12 級が使用限界であり、サーボ系では NAS 8 級が使用限界である。

ロ　ポンプ外表面温度と作動油温度との差が正常時と比べ大きいときは、ポンプ効率低下が考えられる。

ハ　汚染度の測定法には、計数法と質量法があり計数法は自動微粒子測定器が多く使用されている。

ニ　流体固着現象（ハイドロリックロック）とは、作動油の流動性が悪くなることをいう。

【解説7】

イ、ハ 油圧作動油の汚染度を測定する方法は、米国のSAE規格に準拠して、100mlの作動油をミリポアフィルタを通過させ、フィルタ上に捕集した汚染粒子の大きさ、数、重量などを顕微鏡等を用いて計量する方法が用いられている。

表8-3はNAS汚染度等級（米国航空規格）であり作動油中の粒子量を顕微鏡により計測するカウント法と呼ばれているものの規格値である。一般に市販されている油圧作動油は、新油の場合、7級または8級程度のものであり、航空機用としては4級程度のものが使用されている。

表8-4はNAS規格による重量法の規格値である。

ニ 作動油の流動性がなくなることを流体固着現象という。

表8-3 NAS 汚染度等級（カウント法）

NAS 等級	サイズ分類（μ）				
	5 ～ 15	15 ～ 25	25 ～ 50	50 ～ 100	100 以上
00	125	22	4	1	0
0	250	44	8	2	0
1	500	89	16	3	1
2	1,000	178	32	6	1
3	2,000	356	63	11	2
4	4,000	712	126	22	4
5	8,000	1,425	253	45	8
6	16,000	2,850	506	90	16
7	32,000	5,700	1,012	180	32
8	64,000	11,400	2,025	360	64
9	128,000	22,800	4,050	720	128
10	256,000	45,600	8,100	1,440	256
11	512,000	91,000	16,200	2,880	512
12	1,024,000	182,400	32,400	5,760	1,024

表8-4 NAS 汚染度等級（重量法）

クラス	100	101	102	103	104	105	106	107	108
mg/100ml	0.02	0.05	0.10	0.3	0.5	0.7	1.0	2.0	4.0

【問題8】作動油（作動液）に関する記述のうち、誤っているものはどれか。

イ　液圧作動システムに用いる液体には、水、油、その他（難燃性作動液など）がある。

ロ　作動油（作動液）は、コンタミネーションコントロール（汚染管理）を行う必要がある。

ハ　作動油（作動液）は、摺動部の摩擦抵抗があるため潤滑性が良いことが必要である。

ニ　一般の鉱油系作動油は、粘度指数（VI）向上剤と極圧（EP）剤を添加して用いる。

【解説8】一般の石油系潤滑油はVIが小さいため、粘度指数向上剤によって粘度−温度特性を改良している。

　粘度指数100以上の潤滑油は、粘度指数向上剤を用いて作られる。摩擦の増大あるいは摩耗をともなった境界潤滑の状態になると、焼付きまたは融着に発展する。このような条件下で潤滑油の極圧性能を向上させる添加剤が極圧添加剤です。極圧添加剤には、強い吸着膜を形成する油性剤と、摩擦熱による極圧膜を作る極圧剤がある。

【問題9】油空圧機器に関する記述のうち、適切でないものはどれか。

イ　交流ソレノイドは、直流ソレノイドより切り替え時間が早い。

ロ　減圧弁では、通過空気流量の変化に対してパイロット型のほうが直動型より、大容量に適する。

ハ　油圧ポンプの容積効率は、作動油の温度に影響されない。

ニ　パイロット操作逆止め弁は、必要に応じて逆流できる。

【解説9】油温により油の容量は変わるので効率に影響する。

【問題 10】油圧・空気圧機器に関する記述のうち、適切でないものはどれか。

イ　カウンタバランス弁は、負荷の落下を防止するため、アクチュエータに背圧を与える圧力制御弁である。

ロ　急速排気弁は、空気圧シリンダと切換弁との間に設置し、シリンダ速度を速くさせる目的で使用する。

ハ　油圧の減圧弁のドレンは、内部ドレン方式である。

ニ　アキュームレータを圧力吸収用として使用するときは、衝撃の発生する弁の近くに設置する。

【解説 10】減圧弁のことをレデューシングバルブともいい、そのドレンは外部ドレン方式である。

【問題 11】空気圧回路に関する記述のうち、適切でないものはどれか。

イ　方向制御弁とアクチュエータとの間に減圧弁を設置した場合には、減圧弁と並列に逆止め弁を設置する。

ロ　急速排気弁は、一般に、方向制御弁の排気ポートに接続する。

ハ　急速排気弁は、シリンダの速度を速くさせる目的に使用する。

ニ　空気圧複動シリンダの速度制御においては、排気量を絞るメータアウト方式にするとスムーズにできる。

【解説 11】急速排気弁は、一般に大気放出とする。

【問題 12】空気圧機器に関する記述のうち、適切なものはどれか。
イ　急速排気弁は、切換弁とアクチュエータとの間に設け、排気を急速に
　　行うためのものである。
ロ　増圧器は、電気モーターを使用し増圧する。
ハ　空気圧調整ユニット（3 点セット）で、ドレン分離器が付いているのは
　　レギュレータである。
ニ　物体を抵抗が少ない状態で水平に移動させる場合、複動エアシリンダの
　　1 方向絞り弁は、メータアウト型よりもメータイン型を用いる。

【解説 12】急速排気弁は、切換弁とアクチュエータの間に設けられている
もので、切換弁の排気作用によってバルブを作動し、その排気口を開いて
アクチュエータから排気を急速に行うためのバルブである。

【問題 13】故障発生時の調査及び修理に関する文中の（　　　　）内に入る
語句の組合せのうち、正しいものはどれか。
　油圧作動のシリンダが動かなくなったので、まずオイルタンクのオイル
レベルを調査した。その結果、（　①　）、圧力制御弁の圧力を調査した。
その結果、（　②　）、流量制御弁を点検した。その結果、（　③　）、方向
制御弁のコイル部位を調査した。その結果、配線の緩みを発見したので締
め直した結果、正常な作動が可能になった。再発防止対策として、点検標
準書にコイル部の緩み点検を追加した。

	①	②	③
イ	異常を発見したので	異常を発見したので	異常を発見したので
ロ	異常がなかったので	異常を発見したので	異常を発見したので
ハ	異常がなかったので	異常がなかったので	異常を発見したので
ニ	異常がなかったので	異常がなかったので	異常がなかったので

【解説 13】油圧シリンダが動かなくなったときの標準的な点検要領である。

【問題 14】 油圧基本回路に関する記述のうち、適切でないものはどれか。

イ　デセラレーション弁は、減圧回路に使用される。

ロ　２圧回路は、ポンプ吐き出し圧力を高圧、低圧と変化させる必要がある場合に用いる回路である。

ハ　カウンタバランス弁は、負荷の自走を防止する背圧回路に用いられる。

ニ　差動回路は、ポンプから送られる量で得られるシリンダ速度よりも速い速度を必要とする場合に用いられる回路である。

【解説 14】

イ　デセラレーション弁は方向制御弁の一種で、アクチュエータへの流れを徐々に減速させる場合などに使われる。常時開形と常時閉形の２種類があり、開形は減速、閉形は増速に利用される。逆止弁内蔵のものもある。

ハ　カウンタバランス弁は、負荷となる重量物の自由落下を防ぐために、アクチュエータに背圧を与えるための圧力制御弁である。背圧弁、無負荷弁、フート弁ともいい、構造はアンロード弁やシーケンス弁と同じです。

ニ　差動シリンダは、シリンダの有効面積の差を利用するシリンダである。図 8-4（a）において、片ロッドシリンダの両室に流体を送り込めば、有効面積の差はピストンロッドの断面積となり、ピストンは右行前進する。このときの速度は速いので、シリンダを急速前進させたいときにこの回路を構成します。左行（後退）するときは、（b）に示すように普通の要領で流体を送り込む。このときの有効面積は、ロッド側の環状断面積となる。ピストンロッドの断面積がシリンダの断面積の 1/2 であるシリンダを用い、（c）に示す要領でポンプから流体を送り込めば、片ロッドシリンダでも往復速度を等しくすることができる。

ロ　２圧回路は図 8-5 に示すような回路で、複合ポンプの回路といえる。同一軸上に低圧用と高圧用の２個のポンプ作用要素をもち、リリーフ弁、逆止め弁、アンロード弁でハイロー回路を組み、低圧大容量を得るときは、両ポンプが合流し、高圧小容量を必要とするときは低圧ポンプはアンロードされ、高圧ポンプのみが作動する仕組みである。

図8-4　差動シリンダ説明図

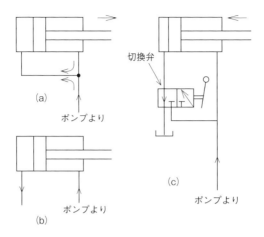

図8-5　２圧ポンプの回路図

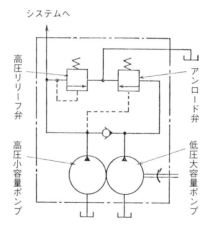

【問題 15】バランサ用エアシリンダのスピードコントローラをメータイン型で使用するところを、誤ってメータアウト型を使用した場合の現象として、適切なものはどれか。
イ　追従性が悪くなった。
ロ　エア圧力を上げなければ、同じ動作をしなくなった。
ハ　エアシリンダが激しく振動する。
ニ　全く動作しない。

【解説 15】アクチュエータの入り口側で流量を絞って作動速度を調節する方式がメータイン型、出口側で調節する方式がメータアウト型である。

【問題 16】油圧装置に関する記述のうち、適切なものはどれか。
イ　チャタリングが発生したので、パイロット作動形リリーフ弁の圧力オーバーライドを大きくした。
ロ　油圧シリンダを利用したクランプ装置で、スティックスリップが発生したのでシリンダの速度を遅くした。
ハ　油圧シリンダが作動中に息つき運動をしたり、振動したりするのは油圧の圧力低下によるものである。
ニ　油圧シリンダの速度低下は、油圧ポンプの容積効率の低下や圧力上昇不良なども考えられる。

【解説 16】油圧装置で発生する異常現象に関する問題である。
イ　チャタリング（chattering）は、リリーフ弁などにおいて、弁座を叩いて比較的高い音を発する一種の自励振動現象をいう。
ロ　スティックスリップは、付着すべりといい、摺動面において低速時に発生する息つき現象のことをいう。シリンダの往復速度を上げることによってこの現象は解消される。

【問題 17】作動油の管理に関する記述として、適切でないものはどれか。

イ 水分の上限値を 0.1%として管理することにした。

ロ 色相は濃くなると作動油の劣化を示すので、色彩サンプル見本を用意し管理することにした。

ハ 異種油が混入すると引火点が低下する恐れがあるので、油種ごとに給油ポットを色別管理した。

ニ 粘度の低下に対しては、一定に保つように粘度の高い油種の添加を行う基準を設けた。

【解説 17】作動油の一般性状に関する問題である。一般性状とは劣化の判断の目安となる最小限の性質をいう。すなわち、比重、色、引火点、粘度、粘度指数、流動点、全酸化、反応、残留炭素、燃焼点などが含まれる。

ロ 新油と比較して乳白色または乳黄色を示すときは、水分または気泡が多量に混入していることを示す。黒色は酸化が促進されたことを示すもの、保全現場での目安判定にすぎず、作動油の性質を直接示すものではない。

精密測定には、石油製品ユニオン色試験法（JIS K 2511）を用いる。ASTM 色試験法（JIS K 2580）との比較を図 8-6 に示す。

ハ 作動油の燃焼性質として、引火点、発火点、自然発火温度などがあるが、一般的には引火点で性質を表す。引火点が高いほど良好である。引火点は、石油系作動油で 150℃〜 270℃、りん酸エステル系 230℃〜 280℃、脂肪酸エステル系で 260℃である。

ニ 粘度は油の濃さ、あるいは粘っこさを表す尺度で、温度によって変化し、容積効率、機械効率、圧力損失、漏れなどに影響する。粘度が高いと吸い込み抵抗は大きくなり、逆に粘度が低すぎると漏れが多く、効率は悪化する。粘度の変化の割合を粘度指数（VI）といい、粘度の変わりやすい油を 0 とし、変わりにくい油を 100 として指数を決めたものである。一般の油圧油は 100 位であり、低温用は 130 〜 220 位である。

図 8-6　ASTM 色とユニオン色との関係（数字は色の標準数を示す）

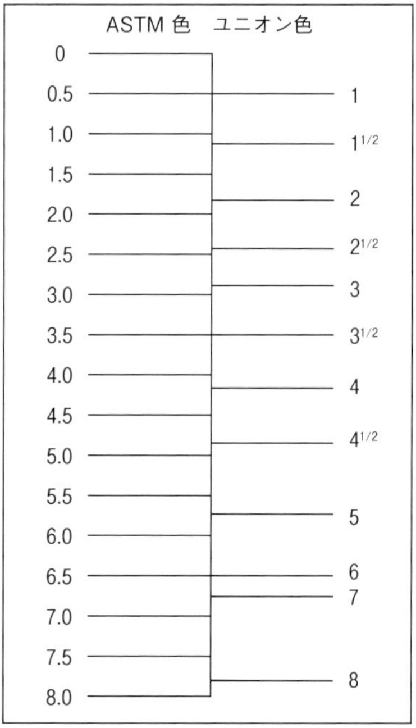

【問題18】下図の油圧回路のうち、誤っているものはどれか。

イ　切換弁によるロッキング回路

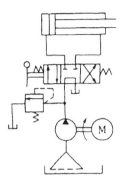

ハ　シーケンス回路

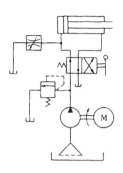

ロ　パイロットチェック弁を
　　用いたロッキング回路

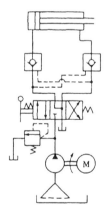

ニ　差動回路

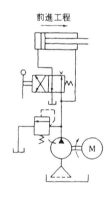

【解説18】回路図に慣れることが第一である。

【問題 19】油圧装置に関する記述のうち、適切なものはどれか。
イ　サージ圧が発生したのでアキュムレータのブラダのガス圧を管路圧と同じにした。
ロ　シリンダが自重落下するので、カウンタバランス弁を点検した。
ハ　ソレノイドバルブに振動を伴ううなり音が出ているので、電磁コイルを交換した。
ニ　リリーフ弁にチャタリング音が発生するので、クラッキング圧を高くした。

【解説 19】ソレノイドバルブのうなり・振動は、電源の取り方が悪く、電圧がソレノイドの許容値より降下している場合などに起こる。対策としては、電源・配線の修正を行うことである。また、ソレノイドのプランジャとコアの間に異物が挟まり、不完全接触をしているときにもうなり・振動が発生する。この場合は、プランジャーコア間の異物を排除することが対策となる。

　この他にも、鉄心が変形したりき裂している場合、コイルが変形したり緩みがある場合、残留磁気の影響などがある。これは分解して点検してみなければわからない。

　取り付けボルトが緩んでいるときも、うなり・振動がある。このときの対処は増締めになる。

【問題 20】油圧シリンダの不具合に関する記述のうち、適切でないものはどれか。
イ　油圧シリンダの出力低下の原因として、リリーフバルブの圧力上昇不良が考えられる。
ロ　油圧シリンダの速度低下の原因として、油圧ポンプの容積効率の低下が考えられる。
ハ　油圧シリンダの出力低下の原因として、流量調整弁の不良が考えられる。
ニ　油圧シリンダの出力・速度低下の原因として、配管などの圧力損失の増大が考えられる。

【解説20】リリーフ弁がかみ込みなどで圧力上昇不良をきたすと、出力低下の原因となる。

【問題21】作動油に関する記述のうち、適切なものはどれか。
イ　作動油の発火点は引火点よりも 20K〜50K（20℃〜50℃）高い。
ロ　作動油タンクの中で滞留して動きのない部分を凝固点といい、ポンプのの吸上げにより絶えず流動している部分を流動点という。
ハ　石油系作動油は軽油を再利用したものであるので、安価ではあるが酸化防止・防錆能力は劣る。
ニ　作動油への水の混入は劣化の原因となるが、空気の混入はむしろ酸化防止剤の役目をするので問題ない。

【解説21】
ロ　凝固点と流動点は作動油の動きではなく温度を表す。流動点は凝固する前の流動し得る最低温度をいい、凝固点は固まって流動しなくなる温度をいう。
ハ　石油系作動油は、酸化防止・防錆のための添加剤を加えてあり、酸化防止や防錆に優れている。
ニ　空気の混入も劣化の原因となる。

【問題22】作動油に関する記述のうち、適切でないものはどれか。
イ　温度変化が大きくても、粘度変化が少ないものほど高性能な油である。
ロ　作動油の凝固点と流動点の温度は異なる。
ハ　NAS 等級とは、作動油の汚染測定基準のひとつである。
ニ　リン酸エステル系作動油を使用する場合には、ニトリルゴム製パッキンが適する。

【解説22】リン酸エステル系作動油はゴムを侵すため、ニトリルゴム製パッキンは適さない。

【問題 23】油圧機器に関する記述のうち、適切でないものはどれか。
イ　直流ソレノイドを用いた電磁切換弁では、異物などによるスプールロックが生じてもソレノイドの焼損は発生しない。
ロ　リリーフ弁のバランスピストンは、弁を通過する作動油の温度を補償する。
ハ　差圧一定形の減圧弁を内蔵する流量調整弁を、圧力補償付き流量調整弁という。
ニ　油圧回路のアンロード弁は設定圧以上になると油をタンクに逃がし、ポンプを無負荷にし、安全弁の役割もする。

【解説 23】バランスピストンは、ばねと連結した可動ピストンで、作動油の温度でなく、圧力を補償する。

【問題 24】空気圧機器に関する記述のうち、適切でないものはどれか。
イ　メータイン回路は、物体を抵抗が少ない状態で移動させる場合に使用する。
ロ　排気を急速に行うには、切換弁とアクチュエータの間に急速排気弁を接続するとよい。
ハ　空油変換器を使用すれば、シリンダを低速でスムーズに作動させることができる。
ニ　エアブースタは、電気を使用せずエアタンクとの組合せで一次側圧を増圧する。

【解説 24】物体を抵抗が少ない状態で移動させる場合には、メータアウト回路を使用する。プレス機械やボール盤の送り装置に使用されている。

9. 非金属および表面処理

【問題1】非金属材料に関する記述のうち、適切でないものはどれか。
イ　セラミック材料は、一般に高温での使用に耐えられる。
ロ　シリコン樹脂は、樹脂のなかでは耐熱性がよくない。
ハ　天然ゴムは、合成ゴムより耐油性が劣る。
ニ　フッ素樹脂は、耐薬品性に優れる。

【解説1】
イ　セラミック材料は、機械的強度は劣るが、耐熱性・耐食性・高硬度の性質をもつ。
ロ　シリコン樹脂は耐熱性と電気特性に優れている。
ハ　天然ゴムは強度が大きく、ゴム弾性に優れるが耐油性、耐溶剤性に劣る。
ニ　フッ素樹脂の代表例としてテフロン（PTFE）がある。プラスチックの中で最も耐薬品性に優れている。

【問題2】ポリ塩化ビニル等の有機材料の特徴に関する記述のうち、適切でないものはどれか。

イ　一般に軽く、熱伝導率及び耐熱性が小さい。

ロ　耐酸性に優れているが、有機溶剤等には弱く侵されることがある。

ハ　劣化要因の一つに、紫外線による光劣化がある。

ニ　酸素、オゾンに対しての耐酸性に優れており、自然環境での劣化に強い。

【解説2】有機材料では数値に巾があり、金属材料のように固定的な比較はむずかしい。一般に塩化ビニルなどは自然環境での劣化が進みやすいのでニが適切でない。

【問題3】非金属材料に関する記述のうち、適切でないものはどれか。

イ　セメントモルタルとは、セメントに砂等の細骨材を混入し、水を加えて練り混ぜたものである。

ロ　セメントとは、一般にはポルトランドセメントを主体としたセメントのことである。

ハ　キュポラには、1200℃以下の耐火度を持つ耐火れんがを使用する。

ニ　コンクリートとは、セメントに砂等の細骨材、砂利等の粗骨材及び必要に応じて混和材料を加えて、水で練り合わせ硬化させたものである。

【解説3】

イ　モルタルは、普通容積比でセメント：砂＝1：3程度の割合である。

ロ　ポルトランドセメントは主成分として粘度質原料と石灰を粉末にして混合し、1400 ～ 1500℃で焼ならし後に少量の石こうを加えて、微粉末にしたものである。

ハ　キュポラはコークスとせん鉄とフラックスを入れ溶解するもので、これに使用する耐火レンガは1400℃以上の耐火度が必要である。

【問題４】非金属材料でアスベストに関する記述のうち、適切でないものはどれか。

イ　アスベストの損傷、劣化等で飛散の恐れがある場合は、封じ込めまたは囲い込みをする。

ロ　アスベスト建築物の解体等の作業は、労働基準監督署への届出義務がある。

ハ　非飛散性アスベストの処分は、梱包して一般埋め立て処分をする。

ニ　飛散性アスベスト等の埋め立て処分は、大気中に飛散しないようにあらかじめ耐水性の材料で二重に梱包するか、または固形化し、指定を受けた処分場で処分する。

【解説４】アスベストは人体に対して、発がん性の問題があることから、現在ではほとんど使われていない。過去に供給されたものを処分する場合に、どう対応するかがポイントである。

【問題５】金属材料の表面処理に関する記述のうち、適切でないものはどれか。

イ　静電塗装は、エアスプレー塗装に比べて塗料の損失が少ない。

ロ　りん酸塩化成皮膜処理は、塗料等の付着性や耐食性をよくするために行われる。

ハ　硬質クロムめっきは、凹凸がある複雑な形状の部品に適している。

ニ　クラッドメタルとは、異なる金属を貼り合わせたものである。

【解説５】

イ　静電塗装では塗料の量を節約することができる。噴霧の飛散範囲が狭く、作業場面積が少なくてすむ。また塗膜の質が均一となって安定化するなどの利点がある。

ロ　リン酸塩皮膜は鉄鋼材の下地処理として行わない。塗料等の付着性や耐食性がよくなる。

ハ　硬質クロムメッキはロールやシャフトなど比較的平坦な面に適用されることが多い。

ニ　クラッドメタルは２種の金属を貼り合わせることにより構成される。

【問題6】鋼材料の表面処理に関する記述のうち、適切でないものはどれか。

イ　黒染めは、鋼の表面に四三酸化鉄を生成したものである。

ロ　窒化処理は、表層から 2mm 程度まで改質できる。

ハ　硬質クロムめっきは、ビッカース硬さ 1000HV が達成できる。

ニ　浸炭処理は、低炭素鋼の表面硬化ができる。

【解説6】

イ　鉄鋼材料を混合ソーダ処理液に浸漬し表面を黒色化したのが黒染めである。これは四三酸化鉄からなっている。

ロ　窒化処理により表層からの深さが 0.3 ～ 0.7mm の硬化層が得られる。

ハ　クロムめっきは耐摩耗性向上、摩耗部分の寸法回復用として用いられる。表層の硬さはビッカースで 1000HV に近い。

ニ　浸炭処理はC含有量 0.1 ～ 0.2％の低炭素鋼に適用される。

【問題7】金属材料の表面処理に関する記述のうち、適切でないものはどれか。

イ　レーザ焼入れは、被処理物の部分焼入れが容易にでき、処理時間が短い利点がある。

ロ　ガス窒化は、微細孔の内面まで窒化が可能であるが、表面が安定酸化物で覆われているものは、困難である。

ハ　高周波焼入れで、浅い硬化層を得たい場合は低い周波数を用い、深い硬化層を得たい場合は高い周波数を用いる。

ニ　真空浸炭やプラズマ浸炭は、プロパンを直接炉内に流せるのが特徴であり、短時間浸炭法として用いられる。

【解説7】

イ　レーザ光はレーザ発振器から発射された光で、レンズ系を通して、加工物に集光照射し、切断、溶接、表面処理などの加工ができる。部分焼入れが容易である。処理時間も短い。

ロ　鋼材料などを対象としてガス窒化するわけだが、安定酸化物で覆われている場合は処理がむずかしい。

ハ　高周波焼入れは高周波電流による誘導加熱作用によって鋼部品の表面を急熱して焼入れする方法である。選ぶ周波数の高低は、硬化層に直接関係しない。

ニ　プロパンによって浸炭作用を行う方法であり、短時間浸炭法である。

【問題8】プラスチックスの成形法として、適切でないものはどれか。

イ　加熱してあるメス、オスの金型に粉末状の成形素材を入れ、プレスで加圧して製品を作る。

ロ　シリンダ内でスクリュー回転と加熱によって成形素材を流動化させ、これを金型に加圧注入して製品を作る。

ハ　シリンダ内でスクリュー回転と加熱によって成形素材を流動化させ、ダイを通って押出す成形法である。管、シート、棒などが作られる。

ニ　加熱軟化したシートを開放型の上におき、型とシートのすき間を加圧し、大気圧によってシートを型内面に密着させる成形法で、パネルや容器の製造に用いる。

【解説8】それぞれプラスチックスの成形法である。

イ　圧縮成形法

ロ　射出成形法

ハ　押出し成形法

ニ　真空成形法について述べているが、型とシートの間を減圧する方法である。

【問題9】 プラスチックに関する記述のうち、適切でないものはどれか。

イ　プラスチックは、熱硬化性のものと熱可塑性のものに大別される。

ロ　エポキシ樹脂は、金属への接着力が大きく耐薬品性も良好なので、金属の接着剤や塗料に用いられる。

ハ　ポリアミド樹脂（ナイロン）は、強靭（じん）で耐摩耗性があり、合成繊維や歯車などの成形品として用いられる。

ニ　プラスチックは、比較的強度が大きくて軽いだけでなく、一般的に衝撃強度が強く、熱による膨張変化は小さい。

【解説9】 プラスチックは金属と比べて衝撃強度は数分の一で、膨張率は十数倍であり、衝撃強度が弱く熱による膨張変化は大きい。

【問題10】 金属材料の表面処理に関する記述のうち、適切でないものはどれか。

イ　めっきする際は、鋼材料に水素が入りやすいので水素脆性（ぜい）を考慮する必要がある。

ロ　高周波による焼入れは、表面部分を熱処理するので残留応力による影響は考慮しなくてもよい。

ハ　亜鉛めっきは、鉄鋼の錆止（さび）めとして優れており、かつ一般的に安価である。

ニ　鋼の焼戻しの加熱温度が高くなると、引張強さが低下する。

【解説10】 高周波による焼入れ後は、表面と内部の冷却速度が異なり残留応力が発生するので、考慮しなければならない。

10. 力学および材料力学

【問題1】 高所から物体を放出したときの現象に関する記述のうち適切でないものはどれか。

イ 高さ 10m のビルから自然落下させたとき、地上では速さ約 14m/s となる。

ロ 高さ 10m のビルから水平方向に 14m/s の速度で投げたとき、地上に落下するまでの時間は約 1.4 秒である。

ハ 高さ 10m のビルから上向きに 14m/s の速さで投げ上げたとき、地上に落下するときの速さは、下向きに約 14m/s である。

ニ 地上から速さ 14m/s で真上に投げたとき、高さ約 10m のところで再び落下を始める。

【解説1】 力学の基本的な問題である。必要な公式を示す。

初速度 V_0、t 秒後の速度 V、加速度 a この t 秒間に通過する距離を s とすると、

$$V = V_0 + at$$

$$s = V_0 t + \frac{1}{2} at^2 = \frac{1}{2} (V_0 + V) \, t$$

$$2as = V^2 - V_0^2$$

の関係がある。

　ところで高所から物体を放出したときは a＝g（重力の加速度）、s＝10m 自然落下のときは $V_0＝0$ である。

よって与式は、

$$V＝gt \cdots\cdots\cdots\cdots\cdots\cdots（1）$$
$$10＝\frac{1}{2}gt^2 \cdots\cdots\cdots\cdots（2）$$
$$2g×10＝V^2 \cdots\cdots\cdots\cdots（3）$$

となる。

イ　の場合、式（3）から、

$$V＝\sqrt{2g×10}＝14（m/s）$$

ロ　の場合、式（1）から、

$$t＝\frac{14}{g}＝1.43（秒）$$

ハ　の場合、最高の高さは、

$$x＝\frac{V^2}{2g}＝\frac{14^2}{2×9.8}＝10（m）$$
$$V＝\sqrt{2g×20}＝\sqrt{392}≒20m/s$$

　したがって地上では　$V＝\sqrt{2g×20}＝\sqrt{392}≒20m/s$

ニ　前記で $x＝10m$ と求めた値のところで再び落下を始める。

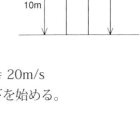

【問題2】下図のような長さ 160cm のはりの中央に 1000N の荷重がかかるとき、中央に発生する曲げ応力値が最も近いものはどれか。ただし、断面は巾 20cm、厚さ 5cm で断面係数は 83.3（cm³）とする。

イ　50N/cm²

ロ　100N/cm²

ハ　480N/cm²

ニ　960N/cm²

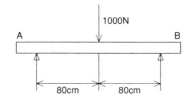

【解説2】A点、B点の荷重は均等であって、

$$\frac{1000}{2} = 500 （N）$$

したがって中央のモーメントは、

$$80cm × 500N = 40,000N/cm$$

断面係数は83.3（cm^3）であるから、曲げ応力は、

$$\frac{40,000}{83.3} = 480 （N/cm^2）$$

【問題3】力学に関する記述のうち、適切でないものはどれか。

イ　ある質量を持った物体がある速度で運動しているとき、運動エネルギは速度の2乗に比例する。

ロ　物体は、その高さに比例する位置エネルギを持つ。

ハ　単振り子の周期は、振り子の腕の長さに比例する。

ニ　物体が斜面に沿って滑っているとき、斜面に垂直に押している力をPとすればμPの摩擦力が働く。この場合のμを滑り摩擦係数という。

【解説3】運動エネルギと位置エネルギの問題などである。

　運動している物体や高所にある水のように物体が仕事のできる状態にあるとき、その物体は「エネルギがある」という。したがって、エネルギとは仕事をなし得る能力のことである。力学では、位置のエネルギと運動のエネルギがあり、この2つを機械的エネルギともいう。

（1）位置のエネルギ

　地上からの高さをh（m）、重量をW（kg）とすると、

　位置のエネルギ＝W×hkg・m　……………（1）

（2）運動エネルギ

　質量mの物体が毎秒vの速度で運動しているとき、物体の運動を妨げる方向から力Fを作用させると、この力のために物体は$-F/m$の加速度を生じ静止する。力が作用を始めてから静止するまでに運動した距離をSとすると、力のした仕事は$F×S$で表される。初めの速度vおよび運動した距

離 S との間には、

$$v^2 = \frac{F}{m}S \quad \cdots\cdots\cdots\cdots (2)$$

の関係がある。

式（2）を変形して、

$$FS = \frac{1}{2}m v^2 \cdots\cdots\cdots\cdots (3)$$

が求められる。

また単振子では周期（T）は、

$$T = 2\pi\sqrt{\frac{L}{g}}$$

となり、Lの平方根に比例する。gは重力の加速度である。

【問題4】 下図の引っ張り試験の荷重－伸び線図において、①、②、③のそれぞれの材料として、適切なものはどれか。

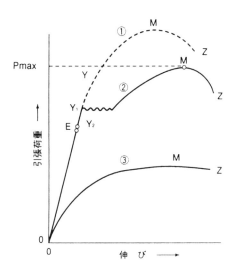

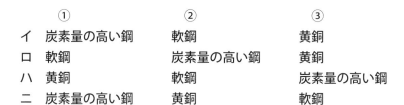

	①	②	③
イ	炭素量の高い鋼	軟鋼	黄銅
ロ	軟鋼	炭素量の高い鋼	黄銅
ハ	黄銅	軟鋼	炭素量の高い鋼
ニ	炭素量の高い鋼	黄銅	軟鋼

【解説4】軟鋼を引張試験機にかけて引張った場合の荷重とひずみの関係を
グラフで表したのが**図10-1**の図中（1）である。

　荷重－伸び線図と比べれば、（1）は軟鋼であり（2）は黄銅なので、**イ**が
正解である。

　銅、銅合金、アルミニウム、アルミニウム合金、亜鉛、すず、鉛などは、
図10-1の図中（2）に示すような応力ひずみ線図を描き、降伏点が明らか
には現れない。その他、鋳鉄、特殊鋼も、降伏点が明らかでない。

図10-1　応力-ひずみ線図

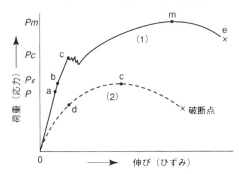

【問題5】材料力学に関する記述のうち、適切なものはどれか。

イ　圧縮コイルばねに荷重がかかる際に生じる応力は、主として圧縮応力
　　である。

ロ　材料の安全率は、繰り返し荷重のかかる場合の方が、交番荷重がかか
　　る場合よりも大きくとる。

ハ　両端固定はりのたわみ量は、断面積が同じであれば、断面形状が異な
　　っていても同じである。

ニ　片持ちはりのたわみ量は、長さの3乗に比例する。

【解説5】

☐　極限強さ（引張強さ）と許容応力の比を安全率という。

　安全率＝極限強さ（kgf/mm²）／許容応力（kgf/mm²）

　安全率は常に1より大きい。

　安全率を決めるには、荷重の働き方などによって異なった値を使用することは、もちろんであるが、次の事項を考慮して決定する必要がある。

①材料の強さ、その他の機械的性質

②材料自身に対する信頼度

③工作技術の信頼度

④破損した際の被害の程度

⑤使用中の腐食、酸化、摩耗などの劣化程度

⑥部品の寿命

などがあげられる。**表10-1**に用いられている安全率を示す。

表10-1　安全率

材　料	安全率			
	静荷重	動荷重		衝撃荷重
		繰返荷重	交番荷重	
鋳　鉄	4	6	10	15
軟　鋼	3	5	8	12
鋳　鋼	3	5	8	15
木　材	7	10	15	20

ニ　片持ちはりのたわみ量は、

$$\delta = \frac{4\ell^3 W}{bh^3 E}$$

　ℓ：はりの長さ、W：荷重、b：はりの巾、h：はりの高さ

　E：ヤング率

で求められる。

　ここに示されるようにℓの3乗に比例する。

【問題６】 下図に関する記述のうち、適切なものはどれか。
　ただし、滑車及びロープの荷重、これらの摩擦等は無視するものとする。

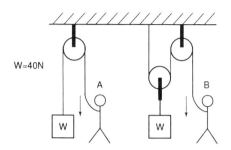

イ　ロープを引く力は、Ａさん、Ｂさんとも同じである。

ロ　荷物を 1.5m 引き上げるのに引くロープの長さは、Ａさんは 3m、Ｂさん
　　は 1.5m である。

ハ　荷物を 1.5m 引き上げる仕事の大きさは、２人とも同じ 60Nm である。

ニ　仕事量は、Ｂさんのほうが少ない。

【解説６】 滑車を用いた機構に関する問題は基礎的に大事なことなのでよく
理解してほしい。

　滑車には静滑車、定滑車（固定滑車などともいう）と動滑車（可動滑車）
の２つの使い方がある。

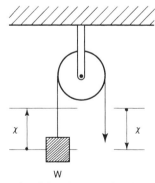

静滑車：方向が変わる。引っぱる距離は
　　　　変わらない。

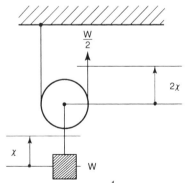

動滑車：１個で荷重は $\frac{1}{2}$ になる。
　　　　引っぱる距離は２倍となる。

イ　ロープを引く力はAが40Nとすると、Bは動滑車を1個使っているので1/2になるので、

$$40N \times \frac{1}{2} = 20N$$

となる。

ロ　1.5m引き上げるとき、Aは不変だから1.5m、Bは動滑車1個だから、この2倍で1.5m×2＝3mである。

ハ　仕事は荷重×距離だから、

Aでは40N×1.5＝60N(m)、Bでは$40N \times \frac{1}{2} \times 3 = 60N(m)$で同じである。

ニ　AもBも仕事量は60Nで変わらない。

【問題7】 材料力学に関する記述のうち、正しいものはどれか。

イ　引張試験において、最大荷重を試験片の破断後のくびれた部分の最小断面積で割った値を引張強さという。

ロ　片持ちはりの先端に荷重をかけたとき、はりにかかる曲げモーメントは、先端において最大である。

ハ　縦弾性係数（E）はヤング率ともいい、材料の比例限度内で単純な垂直応力（σ）とその方向の縦ひずみ（ε）の比で表し、E＝σ / εとなる。

ニ　はりのたわみ量は、断面積が同じであれば、断面形状が異なっても同じである。

【解説7】 棒を弾性限度内で引張り、または、圧縮したときの応力とひずみの比をEで表し、これを縦弾性係数またはヤング率という。

【問題8】下図において、ワイヤ1本当たりにかかる荷重は、荷重Wの何倍になるか。ただし、2本のワイヤは同じ長さである。

イ　約 0.5 倍
ロ　約 0.7 倍
ハ　約 1.0 倍
ニ　約 1.4 倍

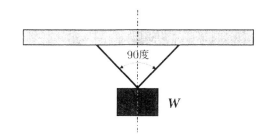

【解説8】 2本のワイヤに作用する張力をPとしてワイヤと荷重に関する垂直方向の釣り合いを考えると、

$2 \times P\cos45° = W$

$P = W/（2 \times P\cos45°）$

$= W/（2 \times 0.707） = 0.707W ≒ 0.7W$

となるので、ロが正解である。

【問題9】材料力学に関する記述のうち、適切なものはどれか。

イ　断面積 40mm^2 の丸棒に、1,600 N の引張荷重が働いているときの引張応力は 64 N /mm^2 である。

ロ　長さ5 m の丸棒を引っ張ったときの縦ひずみが 0.1％の場合、伸びは 5 mm である。

ハ　機械構造用炭素鋼材の基準強さが 570MPa のとき、許容応力を 190MPa とすると、安全率は 5 となる。

ニ　両端支持ばりで、中央に 500 N の集中荷重が作用して、釣り合っているときの2つの支点の反力はそれぞれ 500 N である。

【解説9】ひずみ＝伸び / 長さの式に当てはめると、

長さ5 m ＝ 5000 mm として、伸び＝ 5 mm である。

ひずみ＝ 5/5000 となるので、ひずみは 0.1％となるので、ロが正解である。

11. 図示法・記号

【問題1】 日本工業規格（JIS）の鉄鋼記号において、記号と規格名称の組合せとして、適切でないものはどれか。

	記号	規格名称
イ	SK	合金工具鋼鋼材
ロ	SWP	ピアノ線
ハ	SUS-B	ステンレス鋼棒
ニ	SS	一般構造用圧延鋼材

【解説1】 SK は炭素工具鋼鋼材である。合金工具鋼鋼材は SKS、SKD、SKT で表す。

【問題2】 日本工業規格（JIS）の製図に関する記述のうち、誤っているものはどれか。

イ　ハンドル、軸、構造物の部材などの切り口は、90度回転して表してもよい。

ロ　想像線は、細かい二点鎖線で表す。

ハ　下図に示すような弦の長さ（50mm）は、弦に直角に寸法補助線を引き、弦に平行な寸法線を用いて表す。

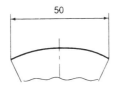

ニ　寸法に関する用語で、寸法公差とは、呼び寸法と実寸法との差のことである。

【解説2】 寸法公差とは最大許容寸法と最小許容寸法との差、すなわち上の寸法許容差と下の寸法許容差との差のことをいう。

【問題3】 図形の表し方に関する記述のうち、適切でないものはどれか。

イ　品物の形状や機能を最も表す面を主投影図に選ぶ。

ロ　面が平面であることを示すには、細かい実線で対角線を記入する。

ハ　板金工作による品物は必要に応じて、展開図を描く。

ニ　形鋼は、1本の細線で表すことができる。

【解説3】 薄物の断面の問題である。

　ガスケット、薄板、形鋼などで描かれる断面が薄い場合は、特に太く描いた1本の実線で表すことができる（**図11-1**）。これらに断面図が隣接している場合には、それらを表す線の間に0.7mm以上のすき間をあける。

図 11-1

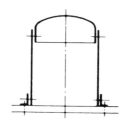

【問題４】 下図のうち、第三角法で図示しているものはどれか。

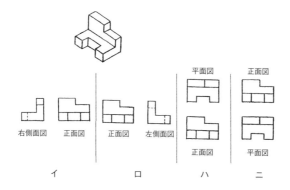

【解説４】 第三角法の利点は次のようである。

（１）品物を展開した場合と同じ関係にあり、理解し易い。

（２）関係面が近いので、比較対照し易く、描き誤り、見間違いが少ない。

（３）補助投影するときに容易である。

図 11-2 に簡単な第三角法の例を示す。

図 11-2　第三角法

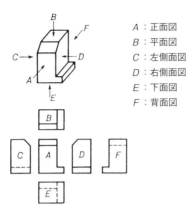

A：正面図
B：平面図
C：左側面図
D：右側面図
E：下面図
F：背面図

【問題5】 日本工業規格（JIS）の油圧及び空圧用図記号に関する記述のうち、適切でないものはどれか。

イ　主管路、パイロット弁への供給管路及び電気信号線は、実線で表す。

ロ　二つ以上の機能をもつユニットを表す包囲線は、二点鎖線で表す。

ハ　パイロット操作管路、ドレン管路、フィルタ及びバルブの過渡位置は、破線で表す。

ニ　回転軸、レバー、ピストンロッド等の機械的結合は、複線で表す。

【解説5】 JIS B 0125 に油圧及び空気圧用図記号が規定されている。このうちの記号要素の部分を**表11-1**に示す。

　記述文のうち適切でないのは**ロ**である。

表 11-1　記号要素

名　称	記　号	用　途	備　考
線 　実　線	———————	(1)　主管路 (2)　パイロット弁への供給管路 (3)　電気信号線	・戻り管路を含む ・電気信号を付記して管路との区別を明確にする。
破　線	－－－－－－	(1)　パイロット操作管路 (2)　ドレン管路 (3)　フィルタ (4)　バルブの過渡位置	・内部パイロット ・外部パイロット
一点鎖線	—・—・—	包囲線	・2つ以上の機能を持つユニットを表す包囲線
複　線	$\frac{1}{5}$	機能的結合	・回転軸、レバー、ピストンロッドなど。

【問題6】 図形の表し方に関する記述のうち、適切でないものはどれか。

イ　品物の形状や機能を最も表す面を主投影図に選ぶ。

ロ　面が平面であることを示すには、細い実線で対角線を記入する。

ハ　板金工作による品物は必要に応じて、展開図を描く。

ニ　形鋼は、1本の細線で表すことができる。

【解説6】

イ　主投影図は、品物の最も加工量の多い工程を基準とし、その加工の際置かれる状態と同じ向きとする。主投影図だけで表しにくいときだけ必要な他の投影図を追加する。

ロ　水面、油面の位置も水準面線で表す。

ハ　板金、製缶工作で、板を折り曲げて品物を作る場合には、必要に応じて平面図に展開図を描く。

ニ　薄物、形鋼などで描かれる断面が薄い場合には、特に太く書いた1本の実線で表すことができる。これらの断面が隣接している場合には、それらを表す線の間に 0.7mm 以上のすき間をあける。

【問題7】 下図は第三角法で描かれています。側面の展開図として適切なものはどれか。

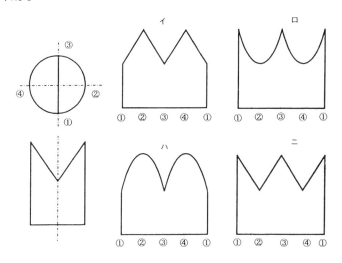

【解説7】 展開図の問題は与えられた図を、立体的に画いてみると容易である。本問では下図のように画ける。実地ではフリーハンドで、しかも素早く描かねばならない。ハが適切である。

1級解答

［真偽法］

1.機械一般
【1】○ 【2】× 【3】○ 【4】× 【5】○ 【6】○

2.電気一般
【1】○ 【2】× 【3】○ 【4】○ 【5】○ 【6】○ 【7】○ 【8】× 【9】×
【10】○ 【11】× 【12】○ 【13】○ 【14】× 【15】○ 【16】○ 【17】○
【18】× 【19】○

3.機械保全法
【1】× 【2】× 【3】○ 【4】○ 【5】○ 【6】× 【7】○ 【8】○ 【9】×
【10】× 【11】× 【12】× 【13】× 【14】○ 【15】○ 【16】○ 【17】×
【18】○ 【19】× 【20】○ 【21】× 【22】× 【23】○ 【24】× 【25】×
【26】○ 【27】○ 【28】○

4.材料一般
【1】○ 【2】○ 【3】○ 【4】○ 【5】× 【6】○ 【7】× 【8】× 【9】○

5.安全・衛生
【1】○ 【2】○ 【3】○ 【4】× 【5】× 【6】○ 【7】× 【8】× 【9】×

［択一法］

1.機械要素
【1】イ【2】ロ【3】イ【4】ニ【5】ハ【6】ロ【7】ニ【8】ロ【9】ハ
【10】ニ【11】ハ【12】ロ

2.機械の点検
【1】ニ【2】イ【3】ハ【4】ハ【5】ハ【6】ハ【7】ハ【8】ハ【9】ハ

3.異常の発見と原因
【1】イ【2】ロ【3】ハ【4】ニ【5】ニ【6】ハ【7】ロ

4.対応措置
【1】ハ【2】ロ【3】ロ【4】ハ【5】ニ【6】ハ【7】イ【8】ハ【9】ニ
【10】ロ【11】イ

5.潤滑・給油
【1】ニ【2】ニ【3】イ【4】ロ【5】ハ【6】ニ【7】ニ【8】ロ

6.機械工作法
【1】ロ【2】ハ【3】ロ【4】ハ【5】ニ【6】ニ【7】ハ【8】ハ【9】ハ
【10】ロ

7.非破壊検査
【1】ニ【2】イ【3】イ【4】ニ【5】ハ【6】ニ【7】ハ【8】ハ

8. 油圧・空気圧
【1】ハ【2】イ【3】ハ【4】ハ【5】イ【6】ロ【7】ニ【8】ニ【9】ハ
【10】ハ【11】ロ【12】イ【13】ニ【14】イ【15】イ【16】ニ【17】ニ
【18】ハ【19】ロ【20】ハ【21】イ【22】ニ【23】ロ【24】イ

9. 非金属および表面処理
【1】ロ【2】ニ【3】ハ【4】ハ【5】ハ【6】ロ【7】ハ【8】ニ【9】ニ
【10】ロ

10. 力学および材料力学
【1】ハ【2】ハ【3】ハ【4】イ【5】ニ【6】ハ【7】ハ【8】ロ【9】ロ

11. 図示法・記号
【1】イ【2】ニ【3】ニ【4】ハ【5】ロ【6】ニ【7】ハ

２級
例題問題 Q&A
（真偽法編）

1．機械一般
2．電気一般
3．機械保全法
4．材料一般
5．安全・衛生

1. 機械一般

【問題1】フライス盤は、主として工作物を回転させ加工を行う工作機械である。

【解説1】フライス盤は、多くの切刃をもつフライスカッターを回転させ、工作物に送りを与えて切削する工作機械である。（図1-1）

図1-1　ひざ形横フライス盤

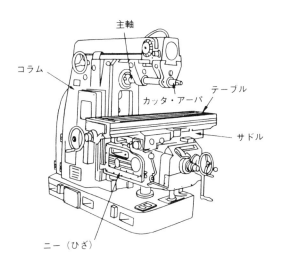

　フライス盤の特徴は、旋盤や形削り盤のように1本の刃物で工作物を削るのではなく、多くの刃によって加工していくので、刃物の摩耗が少ないことである。このため、刃物の摩耗による仕上げ面の荒れや、形状の不正確さをある程度防ぐことができる。

　フライス盤の大きさの表し方は、テーブルの大きさ、テーブルの移動量（左右・前後・上下）、および主軸中心線よりテーブル面までの最大距離、または主軸端よりテーブル面までの最大距離で表す。（表1-1）

表1-1　ひざ形フライス盤の呼び番号

呼び番号		0番	1番	2番	3番	4番	5番
テーブル移動距離(mm)	左右	450	550	700	850	1050	1250
	前後	150	200	250	300	350	400
	上下	300	400	400	450	450	500

　フライス盤のテーブル送りは、**図1-2**で示すように2個のめねじを対向しておき、この2個のめねじの張力で送りねじのバックラッシを除去している。フライス削りはカッターの回転方向とテーブルの送り方向との関係から、下向き削りのときにこの装置が効果を発揮する。

図1-2　テーブル送り機構

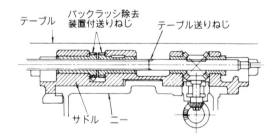

〔類問〕万能フライス盤は重切削ができる。【解答×】
〔類問〕フライス盤にはバックラッシ除去装置がついている。【解答○】

【問題2】 タレット旋盤は多刃の切削ができる。

【解説2】 タレット旋盤とは、普通旋盤の心押し台のかわりに、タレットという回転式刃物台を備えている旋盤で、刃物を数種類取り付けて回し、仕事に応じた刃物が出て切削が行われる。同一部品の多量生産に適している。
　ラム形、サドル形、ドラム形などの種類がある。（**図 1-3**）

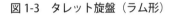

図 1-3　タレット旋盤（ラム形）

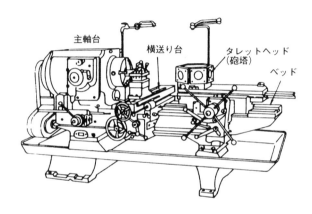

主軸台　　横送り台　　タレットヘッド（砲塔）　ベッド

【問題3】 立削り盤（スロッタ）では、工作物の外周面のキー溝加工はできない。

【解説3】 立削り盤は英語でいうと Slotter である。Slot というのは溝のことを意味し、Slotter とは、溝を加工する機械のことをいう。**図 1-4** に概形を示す。
　形削り盤を立形にした機械であり、構造、機能とも形削り盤と非常に似ている。立削り盤は工作物を水平におき、バイトが上下に往復して切削を行うものである。もともと歯車などの穴のキー溝を加工するのに開発されたものである。

図1-4 立削り盤

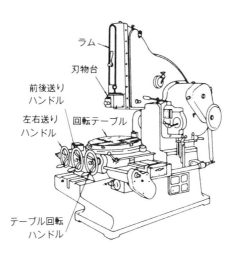

ラム
刃物台
前後送り
ハンドル
左右送り
ハンドル
回転テーブル
テーブル回転
ハンドル

【問題４】多軸ボール盤とは、一つの主軸頭に多数の主軸をもち、同時に多数の穴あけを行うボール盤である。

【解説４】ボール盤とは、スピンドルを回転させ、これに刃物を取り付けて軸方向に動かして、穴あけ作業を行う機械である。多軸ボール盤は、数本から十数本以上の軸を有し、それらの軸が同時に上下する、あるいは軸は回転のみでテーブルを上下送りし、多数の穴を一度に加工するようになっている。（図1-5）

軸の位置決めなど、準備に時間はかかるが、非常に能率がよく量産向きである。ただし、加工物の穴径が極端に異なったり、平面の段差が大きい場合には使用できない。同一方向から多数の穴を同時加工する部分や平板状の部品の加工に使われる。

図1-5　多軸ボール盤

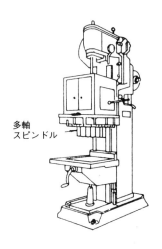

多軸
スピンドル

【問題5】 精密中ぐり盤は高速回転で高精度の穴ぐり加工に用いられる。

【解説5】 中ぐり盤は、すでにあけられている穴を拡げたり、より精密に仕上げる穴ぐり加工を行う工作機械で、中ぐり棒を主軸に取り付けフレーム類の穴ぐりなどを行う。そのほか、端面削り、フライス削り、穴内部の溝加工、キリもみ、ねじ切り加工などもできるが、フライス加工を主体にした形式のものが多い。大きさの表示は主軸の直径で表す。

　精密中ぐり盤は、高速回転で極めて高精度の穴ぐり加工に用いられる。横形と立形があり、横形で小型の機械には、主軸が両側にあるものと、片側に2軸並んでいるものなどがある。

　エンジンブロック、ギヤケース、シリンダ内面など仕上用や寸法精度の高さが要求される部品の精密加工などに用いられる。

【問題6】金切りのこ盤は、のこを使用して工作物を切断する工作機械で、使用するのこの種類によって、弓のこ盤、帯のこ盤、丸のこ盤がある。

【解説6】のこ盤の形式はのこ刃の形状によって通常分けている。

【問題7】マシニングセンタとは、主として回転工具を使用し、工具の自動交換機能を備え、工作物の取付け替えなしに、多種類の加工を行う数値制御工作機械である。

【解説7】マシニングセンタは図1-6のように、フライス盤をベースとして、これにNC制御装置とATC（自動工具交換装置）を付加した機構をもっている。汎用フライス盤においては、カッターによる輪郭削りやその位置決めは作業者の熟練に負うところが多い。これに対してマシニングセンタでは、付属する制御機器により安定した加工を繰り返し行うことができる。機械工作を行っている工場では広く取り入れられている。マシニングセンタの性能はこのように汎用機に比べ優位であるが、この能力を維持するためには高度のメインテナンスが要求される。

図1-6　マシニングセンタの例

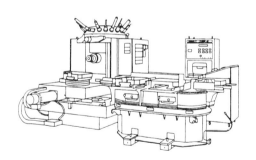

〔類問〕マシニングセンタは輪郭制御や位置決めを安定して行うことができる。【解答○】

【問題8】 放電加工機は、工作物と電極との間の放電現象を利用して加工を行う工作機械である。

【解説8】 放電加工は、適当な加工液中において、加工電極と工作物の間に放電を起こさせ、それにより放電付近を非常な高温にさらして材料を加熱・溶融し、同時に生じる高い放電圧力によって気化部を飛散させる作用を繰り返し行うことによって、材料を微量ずつ取り去る工作法である。

　特徴としては次の2つがある。

（1）切削のむずかしい超硬合金、焼入鋼、耐熱鋼などの高硬度材料の加工を、比較的容易かつ経済的に行うことができる。

（2）工作物や工具を回転させる必要がないので、円形の他、任意の断面形状をもった穴でも容易に加工できる。

　加工液としては、油・水・乳化油などが推奨されるが、一般には灯油が広く用いられている。なお、加工液は加工中に著しく汚れるため、切粉の微粒を除去するようになっている。加工電極の材料としては、一般に黄銅がよく用いられているが、その他に銅、タングステン合金などが使われ加工すべき穴の断面形状に合わせて作られる。

　また、工作物との間げきを常に一定に保つように、電極は送り機構によって送られる。

　放電加工機はコンデンサの容量が大きいほど加工能率は高くなるが、仕上面と寸法精度は悪くなる。コンデンサの容量を小さくすると、その逆になる。実際に使用する場合には、要求される加工精度に合わせてコンデンサの容量を適当に選ぶようにする。

〔類問〕ワイヤ放電加工機の機能上の原理は板を切る帯のこ盤と類似している。【解答○】

〔類問〕ワイヤカット放電加工機では、移動するワイヤが片方の電極になっている。【解答○】

【問題9】 NC（数値制御）工作機械はあらかじめプログラムされた順路に従い動く切削工具により、複雑な形状の加工ができ、その繰返し精度は高い。

【解説9】 NC とは、Numerical Contorol（数値制御）の頭文字をとったものである。NC 制御による指令系統の概略を**図 1-7** に示す。

　NC 工作機械の有利な点は、
（1）複雑な形状が、あらかじめプログラムされた順路にしたがって動く切削工具によって実現することができる。
（2）繰返しの精度が比較的高く、製品が均質化される。
（3）一人で数台の機械の使用が可能である。
（4）管理が容易で生産計画が立てやすい。
（5）熟練作業を機械化でき、不良品が減少する。
などである。

図 1-7　NC 制御の指令系統

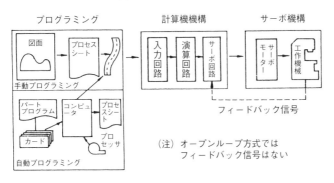

〔類問〕NC（数値制御）工作機械は、あらかじめプログラムされた順路に従って、複雑な形状の加工ができるが、繰り返し精度が求められる加工には適さない。【解答×】

【問題10】シーケンス制御とは「制御量を測定し、目標値と比較してその誤差を自動的に補正する制御」のことである。

【解説10】シーケンス制御（sequential control）とは、あらかじめ定められた順序にしたがって、自動的に制御の各段階を順に進めていく制御方式である。

【問題11】Vベルト駆動では、ベルトの底面とプーリ溝底との間に適度なすき間があるのが正常である。

【解説11】
（1）Vベルト伝動
　断面がV字形の継ぎ目なしのベルトを、同形の溝をもつベルト車に数本巻掛けて平行2軸間の伝動を行うものである。
　特徴は、
①すべりが少なく、運転は静かである。
②軸間距離の短い伝動に適している。
③伝動回転比は、平ベルトよりも大きくすることができ、速度比が大きい場合に適している。
（2）Vベルト（**図1-8**）
　ゴムを主体とした台形の環状（継ぎ目なし）ベルトで、内部には抗張体として糸や布、合成繊維などが心部に入っている。Vベルトの角度は40°が基準。Vベルトは、その有効周（長さ）がJISで定められていて、太さも小さい順からM、A、B、C、D、Eの6種に規格化されている。ただしMは外周で表す。
　また、常にオープンベルト（平行掛け）で使用し、強い馬力を伝えるため、数本以上並行して使用するのが普通である。
（3）Vベルト車（**図1-9**）
　鋳鉄または鋳鋼製、Vベルト車の溝の角度は34°、36°、38°の3種があるが、Vベルトは曲げられると内側の幅が広く、外側の幅は狭くなり、ベ

ルトの角度が 40°より小さくなるため、Vベルト車は径が小さいものほど
溝の角度は小さい。また、軸間距離の調節が必要である。

　溝の形は、Vベルトの寿命や伝動効率に大きな影響を与えるので、精密
に仕上げる。なお、Vベルトの底面は、溝底に触れないようになっている。

図1-8　Vベルト　　　　　　　　　図1-9　Vベルト車

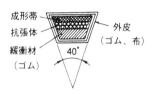
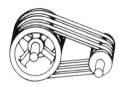

【問題12】多段うず巻ポンプの吐出し量は、段数に比例する。

【解説12】ポンプにはいろいろな形式のものがあるが、このうち、渦巻き
ポンプは最も汎用的に広く用いられているポンプである。分類すると、案
内羽根のないものをボリュートポンプ、案内羽根のあるものをタービンポ
ンプという。図1-10にタービンポンプの構造を示す。

図1-10　タービンポンプの構造

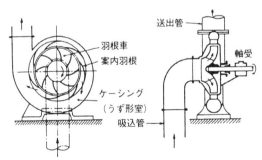

　油圧駆動系で使用されるポンプには、ベーンポンプ、ピストンポンプ、
アキシャルポンプなどがある。それぞれ定容量形と、可変容量形がある。
共通していることは、ポンプとしての総吐出量（Q）は回転数（n）に比
例し、段数は関係ない。

〔類問〕多段うず巻ポンプからの流体の吐出量は、ポンプの段数に比例する。
【解答×】

【問題 13】 下記に示すバイトの形状で、おもに旋削用に使用されるのはA
である。

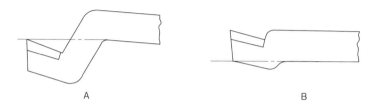

A   B

【解説 13】 旋削用の場合は**図 1-11** に示したように丸棒の中心に向けて、バ
イトの刃先を合わせるのが標準作業である。したがってBが正しい。

　Aの場合が適用されるのは形削作業や平削り作業であって、**図 1-12** に示
すように、刃物台の面の延長とバイトの刃先が一致しないと正しい作業が
できない。

図 1-11　心押しセンタ　　　　　　　　　　図 1-12

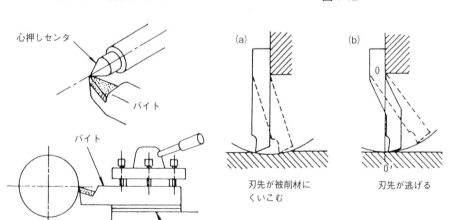

172

2. 電気一般

【問題1】自己保持回路とは、電磁接触器自身のメーク接点（a接点）で電磁コイルの励磁回路を構成する回路である。

【解説1】自己保持回路（図2-1）はシーケンス（リレー）回路の一種で、一度 ON にすると電源を遮断するか、自己保持回路を遮断する（図2-2）まで ON になり続ける。また、自己保持回路はラッチ回路とも呼ばれる。

図2-1　自己保持回路

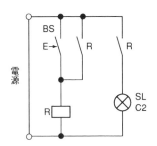

図2-2

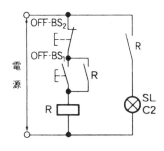

ON-BS$_1$ の操作により自己保持された回路を OFF-BS$_2$ を操作することにより復帰させることができる

　自己保持回路は、運転ボタンを押すと、停止ボタンを押すまで作動を続けるためや、異常が発生した際に警報を発生し続け、復帰（リセット）ボタンを押すまで解除されない回路などに利用される。

【問題2】力率は、電圧と電流の位相差を θ とするとき、cos θ で表される。

【解説2】 交流回路で電圧、電流について、波形を画いた場合その位相に θ のずれがあるときに、この cos θ を力率という。

　電圧、電流の瞬時値を、$e = E_m\sin \omega t$、$i = I_m\sin（\omega - \theta）$ で表すと、電力の瞬時値 P は次式となる。

$$P = e \times i = E_m\sin \omega t \times I_m\sin（\omega t - \theta）$$

この関係を図示したものが、**図2-3** である。

図2-3　交流電力

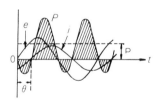

　斜線部分が電力に相当し、P は e、i の2倍の周波数で変化している。瞬時電力 P の1周期の平均値を平均電力と呼び、一般に交流電力はこの平均電力 P［W］で表し、これを有効電力と呼ぶ。

$$P = \frac{1}{2} E_m I_m\cos \theta = \frac{E_m}{\sqrt{2}} \times \frac{I_m}{\sqrt{2}} \cos \theta = EI\cos \theta \quad［W］$$

この cos θ を力率と呼び、普通は％で表す。θ は電圧と電流の位相差であるから、抵抗だけの回路では cos $\theta = 1$、インダクタンスまたはコンデンサだけの回路ではエネルギを蓄えるため、cos $\theta = 0$ となる。

【問題3】 ソレノイドを生じる磁束は、巻数Nと電流Ⅰ（A）の積（NI）に比例する。

【解説3】 電線をらせん状に巻いたソレノイドに電流を流すと、ソレノイドの内部に図 2-4 のように、向きと大きさの揃った磁束が現れる。ソレノイドの内部に鉄心を入れて電流を流すと、鉄心は磁化され、その磁力線がソレノイドの磁力線に加わって、より強い磁力となる。これを巻磁石という。この原理が多くの電気機器に利用されている。

　鉄心に生じる磁束は、ソレノイドの巻数Nと、流れる電流Ⅰ（A）との積 NI に比例する。NI は磁束を生じさせる原動力となるもので、加磁力といい、単位にはアンペア（A）を用いる。

図 2-4　ソレノイドによる磁力線

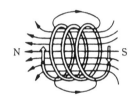

【問題4】 ヘルツ［Hz］は、磁力の単位である。

【解説4】 ヘルツは周波数の単位で記号は Hz である。周波数は交流で同じ波形が 1 秒間に繰返す回数をいう。周波数を f［Hz］、周期を T［s］とすると、次の関係がある。

$$f = \frac{1}{T}$$

【問題5】 単相交流の電力Pは、次式で与えられる。

$$P = 3 \times V \times I \times \cos \theta$$

ただし、V は電圧、I は電流、$\cos \theta$ は力率とする。

【解説5】 単相交流の電力Pは、$P = V I \cos \theta$ で表される。

【問題6】 2個以上の抵抗を並列に接続したときの合成抵抗値（R）は、次式で表される。

$$R = \frac{1}{R_1} + \cdots\cdots + \frac{1}{R_n}$$

【解説6】 この問題は、直列と並列における合成抵抗の計算式によって解答するとよい。直列に接続した場合の合成抵抗はそれぞれの合成抵抗の和に等しく、並列に接続した場合の合成抵抗はそれぞれの抵抗の逆数で表される。すなわち直列接続は、

$$R = R_1 + R_2 + \cdots\cdots R_n$$

並列接続は、

$$R = \frac{1}{\dfrac{1}{R_1} + \dfrac{1}{R_2} + \dfrac{1}{R_3} + \cdots\cdots + \dfrac{1}{R_n}}$$

となる。

まず、12 Ω の2個の並列接続の合成抵抗 R_1 を求める。

$$R_1 = \frac{1}{\dfrac{1}{12} + \dfrac{1}{12}} = \frac{1}{\dfrac{1}{6}} = 6$$

次に、3 Ω の3個の並列接続の合成抵抗 R_2 を求める。

$$R_2 = \frac{1}{\dfrac{1}{3} + \dfrac{1}{3} + \dfrac{1}{3}} = \frac{1}{\dfrac{1}{1}} = 1$$

R_1 と R_2 は直列接続になっているので、全体の合成抵抗は、

$$R = R_1 + R_2 = 6 + 1 = 7 \ [\Omega]$$

となる。

【問題７】導体を流れる電流の大きさは、その両端の電圧に反比例し、導体の抵抗に正比例する。

【解説７】導体に流れる電流の強さ（I）は電圧（V）に比例し、抵抗（R）に反比例する。これをオームの法則と呼ぶ。

式で表わすと、

$$V = R \times I \qquad I = \frac{V}{R} \qquad R = \frac{V}{I}$$

抵抗の内容をもう少し詳しく説明する。

一般に導体の抵抗は、材質によって異なる。同じ材質では、電流の流れる断面積が大きければ抵抗が小さくなり、また、長さが増せば抵抗は大きくなる。**図 2-5** のように断面積を A（m^2）、長さ l（m）の導体の抵抗 R（Ω）は次式で求められる。

$$R = \rho \cdot \frac{l}{A}$$

ここで ρ は比例定数で抵抗率をいう。

単位はオーム・メートル（Ω・m）で表す。

なお電流の通りやすさを通りやすさを表わすのに、この抵抗率の逆数、

$$\sigma = \frac{l}{\rho}$$

を用いる。これを導電率という。

図 2-5　導体の抵抗

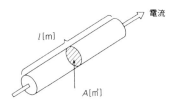

【問題８】誤操作（動作）防止のため、相互に関連して働く制御回路又は機構のことをインターロックという。

【解説８】インターロックとは、操作が指定されたシーケンスにそって進むように、また各機器の状態がそれぞれ指定された関係を保つように制御する保護機構のことである。インターロック回路は、インターロックを目的とした制御回路をいう。

　例えばある機械装置で、保護用の扉が開いたとき、あるいは危険が生じたとき、装置の活動を停止するスイッチや、機器の働きを止める機能をいう。

【問題９】直流電動機の原理は、フレミングの左手の法則を応用したものである。

【解説９】磁界中に導線を置き電流を流すと導線に力が生じる。この力を電磁力と呼ぶ。電磁力の方向を示すのがフレミング左手の法則であり、図 2-6 のように、人さし指が磁界、中指が電流、親指が力の方向を示している。電動機の原理はこの法則によっている。

図 2-6　フレミング左手の法則

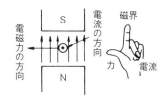

【問題 10】交流電磁開閉器には、過電流継電器が付いている。

【解説 10】低圧電磁接触器と過電流継電器（または熱動形過負荷継電器）とを組み合わせたものを電磁開閉器といい、過負荷電流が流れたとき回路を自動遮断するようになっている。交流、直流の 550 V 以下の低圧用で、主に電動機回路、一般低圧電源開閉用に用いられる。

【問題 11】正に帯電した物体を導体に近づけると、導体の物体に近い側に負電気、反対側に正電気が生じる。これを電磁誘導という。

【解説 11】図 2-7 において、A コイルのスイッチを閉じると、B コイルの電流計の針が振れて元に戻る。また、スイッチを開くと針は反対に振れて元に戻る。次に、磁石を近づけても遠ざけても針は振れるが、近づけるときと遠ざけるときでは針の振れ方が反対である。

　以上の現象は、コイル内を貫いている磁束が、時間とともに変化するときだけコイルに起電力を生じ電流が流れるということであり、このような現象を電磁誘導、また生じる起電力を誘導起電力、流れる電流を誘導電流と呼んでいる。

図 2-7　電磁誘導

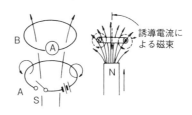

【問題 12】 電動機の過負荷保護に使用されるサーマルリレーは、b 接点にて電磁接触器のコイルを切ることにより遮断する。

【解説 12】 サーマルリレー（thermal relay）は、電動機の過負荷等の大電流による焼損を防止するために用いられる。熱動過負荷継電器と訳されている。

【問題 13】 単相モータは特別な始動装置がなければ始動しない。

【解説 13】 単相誘導電動機は始動に際して回転磁界が得られないので、始動トルクは得られない。したがって、いったん始動すれば回転を続けるが、自力では始動することはできない。
　これは、回転子が停止しているときは単相交流のため、固定子には交番磁界が発生するだけで回転磁界が発生していない。しかし回転子が回転を始めれば、固定子の交番磁界を切って回転子に誘導電流が流れ、回転子の磁界と固定子の磁界とで合成された回転磁界を発生するため回転が続く。したがって始動法を工夫する必要があり、三相モータの場合は直入れ始動とスターデルタ始動が多い。

【問題14】 5Ω、7Ω及び8Ωの抵抗を直列に接続して、これに100Vの電圧を加えたら、回路に流れる電流は6Aである。

【解説14】 合成抵抗をR_0とすれば、次のような式で表される。また抵抗の接続法を**図**2-8に示す。

$$R_0 = R_1 + R_2 + R_3 \quad （直列接続）\cdots\cdots\cdots\cdots\cdots\cdots（1）$$

$$\frac{1}{R_0} = \frac{1}{R_1} + \frac{1}{R_2} + \frac{1}{R_3} \quad （並列接続）\cdots\cdots\cdots\cdots\cdots\cdots（2）$$

または、

$$R_0 = \cfrac{1}{\cfrac{1}{R_1} + \cfrac{1}{R_2} + \cfrac{1}{R_3}}$$

$$R_0 = R_1 + \cfrac{1}{\cfrac{1}{R_2} + \cfrac{1}{R_3}} = R_1 + \frac{R_2 \cdot R_3}{R_2 + R_3}$$

$$（直並列接続）\cdots\cdots（3）$$

本題では直列接続だから式（1）式において合成抵抗R_0、

$$R_0 = 5 + 7 + 8 = 20 （Ω）を得る。$$

100Vの電圧が加わることから回路に流れる電流Iは、

$$I = V/R = 100/20 = 5 （A）となる。$$

図2-8 抵抗の接続法

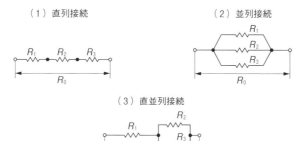

（1）直列接続

（2）並列接続

（3）直並列接続

【問題 15】 操作信号が投入されてから、設定した時間後に接点が動作する継電器を、オンディレータイマという。

【解説 15】 オンディレータイマとは、電圧が加えられてから一定時間がたって接点が閉じ（または開き）電圧を切ると瞬時に接点が開く（または閉じる）タイマである。

　タイマ（時限継電器）は、復帰式タイマと繰返しタイマに大別されるが、オンディレータイマは、時限動作瞬間復帰のタイマで、無電圧で瞬間復帰する。

【問題 16】 下図の電気回路は自己保持回路である。

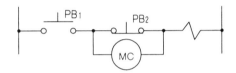

【解説 16】 図 2-9 の自己保持回路で説明する。押ボタンスイッチ PB$_1$ を押した瞬間に、リレーコイル R が励磁されてリレー接点 R を閉じ、PB$_1$ を放しても電流が流れてリレーコイル R は励磁し続け、表示灯 SL が点灯を継続する。この状態を「自己保持をかける」といい、この回路のことを自己保持回路という。

　PB$_2$ を押すと、リレーコイル R が消磁して、表示灯 SL は消灯する。この状態を「自己保持を解除する」という。この自己保持回路は記憶機能を有するもので、OR 回路や AND 回路などとともに、シーケンス制御回路を構成する基本的な回路である。

図 2-9　自己保持回路

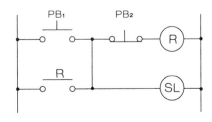

【問題17】電力量は、電気がある時間内に仕事をした量であり、次式で表される。

　電力量［Wh］＝電圧［V］×抵抗［Ω］×時間［h］

【解説17】ある時間内になされた電気の仕事の総量を、その時間内における電力量という。電力と混同しないように注意すること。

　電力量は次式で表され、単位はキロワット時（KWh）を用いる。

　電力量（KWh）＝電力（W）×時間（h）/1000

　　　　　　　　＝電圧（V）×電流（A）×時間（h）/1000

【問題18】50Hz の工場で使っていた誘導電動機を、60Hz で使うと回転数は低くなる。

【解説18】東京で周波数は、50 ヘルツ (Hz)、大阪では 60 ヘルツ (Hz) である。また電動機の極数を P ＝ 4 として、交流電動機の速度を求める式に当てはめると、

　東京では、

$$N_東 = \frac{120 \times 50}{4} = 1500 （rpm）$$

　大阪では、

$$N_大 = \frac{120 \times 60}{4} = 1800 （rpm）$$

となる。この値を比較すると、

$$\frac{N_大}{N_東} = \frac{1800}{1500} = 1.20$$

であって、大阪の方が 20％回転数は高い。

【問題 19】 シーケンス制御とは、制御量を測定し、目標値と比較してその誤差を自動的に補正する制御である。

【解説 19】 設問文はフィードバック制御の説明文で誤りである。シーケンス制御とは、あらかじめ仇められた順序または手続きにしたがって制御の各段階を進めていく制御方式である。

【問題 20】 直流電動機において、磁極を逆にしても、回転方向を変えることはできない。

【解説 20】 直流電動機においては、回転方向を変えることができる。電機子回路の接続の切換えや、界磁回路を切換える方法である。

3. 機械保全法

【問題1】 故障メカニズムとは、物理的、化学的、人為的原因などで装置（アイテム）が、故障を起こす過程のことをいう。

【解説1】 故障のメカニズムとは、ある故障が表面に現われるまで、物理的、化学的、機械的、電気的、人的などのような原因により、どんな経過をたどってきたかの「しくみ」のことをいう。また、断線、短絡、摩耗、腐食などは、故障発生状態の「形式」を表すもので、故障モードと呼んでいる。

【問題2】 2つの変数の間に相関関係があるかどうかを見る場合、ヒストグラムよりも、散布図を作成したほうがよい。

【解説2】 ヒストグラム（histogram）とは、度数分布図と呼ばれている。測定値の範囲をいくつかの区間に分け、各区間を底辺とし、その区間の測定値に比例する面積をもって柱を並べる。柱状図ともいう。品質特性値のばらつきや分布を示す。

　例えば、横軸に測定値、縦軸に個数をとると**図3-1**のように規格範囲に分布する。この傾向はロット全体の品質の状況を示すことになる。

　また、大きい方から順に並べた棒グラフはパレート図（**図3-2**）と呼ばれる。この場合は横軸に現象（または原因など）項目をとり、大きいものから並べ、

上部を折れ線で累積値（％）を示すように描く。改善あるいは対策を実施する際、重要項目の順に明示する。

図 3-1　ヒストグラム

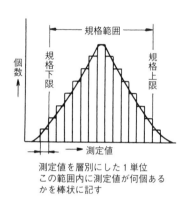

測定値を層別にした 1 単位
この範囲内に測定値が何個ある
かを棒状に記す

図 3-2　パレート図

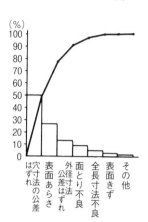

【問題 3】 多品種少量生産の場合、抜取検査が適している。

【解説 3】 品質上のデータをとる場合、一般には数値の形で表す。このとき、計数値と計量値がある。前者は例えば機械の故障回数とか、部品の不良個数のように不連続に表れる測定値のことをいう。後者はものの重さ、寸法、寿命、時間など連続的な測定値である。

　抜取検査の場合、量産品のピンの中から抜取ったものの長さや直径を計測して、その良否を管理図で示し、生産工程をコントロールすることはよく行われている。すなわちデータは計量値である。これに対して検査器具で合否を判定するときは全数を対象とする。このときは計数値になる。

【問題４】 欠点をもつアイテムの取換え修理は、予防保全に含まれる。

【解説４】 予防保全（PM）とは、設備の劣化を防ぐための予防措置として、潤滑、調整、点検、取換えなどの日常の保全活動と、設備を計画的に定期点検、定期修理、定期交換をする活動などの保全方法をいう。

　日常点検、定期検査・診断、補修・整備も予防保全に含まれる。予防保全は、時間基準保全（TBM）と、状態基準保全（CBM）に大別される。

【問題５】 事後保全とは、設備や機器の機能が停止してから、整備や取替えを実施する保全活動をいう。

【解説５】 事後保全とは、故障による性能低下あるいは故障停止が生じた後、修理を行う保全方法をいう。予防保全をするよりも事後保全の方が経済的であるため計画的に事後保全を行う場合と、経済性の追求もせずになりゆきまかせにした非計画的な事後保全の場合とがある。

〔類問〕事後保全は、費用の発生が大きいため、TBMやCBMに変更しなければならない。【解答×】
〔類問〕事後保全とは、故障が起こってから保全を行うことで、決して行ってはいけない保全方式である。【解答×】

【問題６】 定期保全とは、予定の時間間隔で行う予防保全のことをいう。

【解説６】 定期保全（periodical maintenance）とは、一般に一ヵ月以上の周期で行われる点検検査、分解整備、更油などの保全のことをいう。一定の周期で行うのでタイム・ベースド・メンテナンス（time-based maintenance、TBM）ともいう。これに対して予防保全（preventive maintenance、PM）とは、決められた手順によって、計画的に検査、テスト、再調整を行い、使用中

での故障を未然に防止するために行う保全をいう。

　また、改良保全（corrective maintenance、CM）とは、設備の信頼性、保全性、安全性などの向上のために設備の悪いところを、体質改善をして、劣化・故障を減らし、保全不要の設備を目指す保全をいう。

【問題7】TBM（タイムベースドメンテナンス）方式で管理されている機械は、次回の決められた周期での処置まで故障を起こしてはならない。

【解説7】 タイム・ベースド・メンテナンスおよびコンディション・ベースド・メンテナンスにおいて、前者は昔から行われている伝統的な方法で、時間を基準にして保全の時期を決める方法を指す。この方法は時としてオーバーメンテナンスになる。後者は設備の状態を基準にして保全の時期を決める方法をいい、このためには、設備の状態を診断するための設備診断技術の開発と適用が必要となる。

〔類問〕タイムベースドメンテナンスは、設備の劣化の状態によって保全の時期を決める方法である。【解答×】

【問題8】バスタブ曲線の偶発故障期間は、部品の摩耗、疲労などにより時間とともに故障率が高くなる期間である。

【解説8】 機械設備を据え付けた後、使い始めてからの故障状況を表す曲線を、寿命特性曲線、別名バスタブカーブという。**図3-3**のように洋式の浴槽型をしているためである。

　曲線は初期故障・偶発故障・摩耗故障の３つの期間に分けられ、それぞれ以下の内容である。

（１）初期故障・・・使用開始後の比較的早い時期に、設計・製作上の欠点、使用環境との不適合などによって発生する故障。

（２）偶発故障・・・初期故障期間と摩耗故障期間の間で偶発的（ランダム）

に発生する故障。いつ次の故障が起こるか予測できないように起こり、平均的には同一割合で発生している場合をいう。

（3）摩耗故障・・・構成部品などの疲労・摩耗・老化現象などによって、時間の経過とともに故障率が大きくなる故障である。事前の検査または監視によって予知できる故障期間でもある。

図3-3　寿命特性曲線

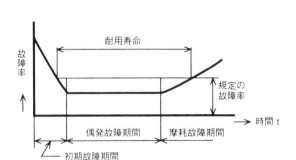

【問題9】バスタブカーブにおける初期故障期間とは、設備の使用開始後の比較的早い時期に設計・製作上の欠陥によって故障が生じる期間をいう。

【解説9】初期故障は、使用開始後の比較的早い時期に、設計・製作上の欠点、使用環境との不適合などによって発生する故障である。これに対して、一次故障とは故障の原因が直接的な内容のものを意味したものである。

【問題10】設備履歴簿は、機械の運転開始から現在までに発生した故障や修理内容の記録が主であり、それらの費用、修理後の精度や運転状況については記録する必要はない。

【解説10】機械の履歴台帳は履歴簿とも呼ばれ、機械の資産番号、名称、購入先、電話番号、管理担当課などが記載されている。故障した際にはど

のような故障で、原因、対策処置などが記録されている。今後の保全管理上の貴重な情報を提供してくれる。

【問題 11】 P 管理図は、工程を不良個数によって管理するための管理図である。

【解説 11】 P（ピー）管理図とは、不良率の管理図のことであるが、通常、ロットの検査個数は異なるのが一般的である。したがってこの場合は、不良率を計算して管理図を作成しなければならない。そういう意味では一般的によく使われる管理図である。

【問題 12】 x̄ – R 管理図は、計数値のデータを対象とする場合に使用される。

【解説 12】 x̄ – R 管理図とは、平均値（x̄）と範囲（R）の管理図である。

品質を、長さ、重さ、強さなどのように量によって管理する場合、この管理図を利用する。

図 3-4 に示すように、平均値のばらつきを調べる x̄ 管理図とばらつきの変化を調べる R 管理図からなり、どちらかの管理図に異常を認めたとき、その工程に異常ありと判断する。

図 3-4　x̄ — R 管理図

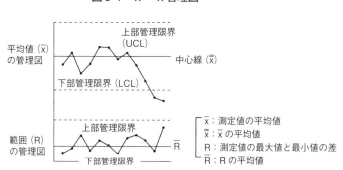

〔類問〕R 管理図は、サンプル（試料）の個々の観測値を用いて工程を評価するための管理図である。【解答×】

【問題 13】品質管理の効果の一つは、原価低減が期待できることである。

【解説 13】品質管理は買い手の要求に合った品質の製品を、経済的に作り出すための手法であり、略して QC（Quality Control）と呼ぶ。

　この手法は計画（Plan）、実施（Do）、チェック（Check）、処置（Action）の 4 つのステップのサイクルを回すことにある。

【問題 14】ライフサイクルとは、装置（アイテム）の開発から廃却までの全段階及び期間のことをいう。

【解説 14】ライフサイクルとは、機械装置・設備の開発から建設、運転、維持、修理、廃棄に至るまでの全期間のことで、いわば機械装置・設備の「一生」のことをいう。

　この装置・設備の一生涯における投資と出費の統計をライフサイクルコスト（LCC：life cyele cost）という。（図 3-5）

図 3-5　設備のライフサイクル

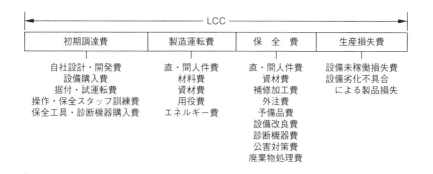

【問題 15】 劣化型故障は、事前の検査又は監視によって予知することができない。

【解説 15】 劣化故障（gradual failure）とは、特性がだんだん劣化して事前の検査または監視により予知できる故障のことで、例えば材料の繰返し応力による疲労または摩耗による特性の劣化による故障をいう。

〔類問〕突然発生し、事前の検査又は監視によって予知できない故障を、劣化故障という。【解答×】

【問題 16】 劣化損失とは、設備そのものの性能の低下による損失をいう。

【解説 16】 設備が本来備えているべき性能が、発揮できなくなることを性能劣化という。たとえ装置や機械が稼働していたとしても、生産量や要求する品質が低下すれば、性能劣化となる。使用による劣化、自然劣化（経年劣化）、災害による劣化もある。
　性能劣化は、性能低下型と突発故障型の２つに大別される。これは劣化の仕方に２つの型があるということであり、１つの設備、装置でも両者の型の劣化が起こり得る。**表 3-1** に性能劣化の型を、**図 3-6** に劣化損失の現れ方を示す。

表 3-1　性能劣化の型

区　分	意　義	例
性能低下型	設備の使用中に生産量、収率、精度などの性能や電力、蒸気などの効率が次第に低下する型	ポンプ コンプレッサ 配管槽、etc
突発故障型	使用中の性能低下はあまりないが、部分破損その他で突発的に故障停止し、部分的な取替により復旧する型	機械の軸破損 電気の断線 内圧容器の破損、etc

図3-6　劣化損失の現れ方

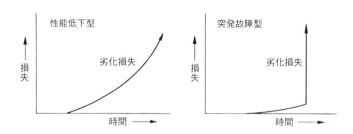

【問題17】特性要因図とは、特定の結果と原因系の関係を系統的に表した図である。

【解説17】特性要因図（characteristics diagram）とは、品質特性値が、どのような原因によって影響を受けているのかを調べ、これを1つの図形にまとめて、特性と原因との関係を表したものである。形が魚の骨に似ていることから、一般に「魚の骨の図」とも呼ばれている。（図3-7）

図3-7　特性要因図

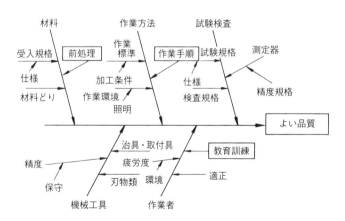

【問題18】 パレート図とは、問題点などを項目別に層別して、出現度数の大きさの順に並べるとともに、累積和を示した図をいう。

【解説18】 パレート図とは、製品不良やクレーム、災害事故、機械の故障などを、目的に合わせて分類したデータをとり、損失金額や発生件数などの多い順に並べて棒グラフで表したものをいう。（図3-8）
　上部の折れ線で累積値を表すようになっている。

図3-8　パレート曲線

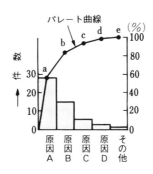

【問題19】 np 管理図は、工程内の不良個数を管理するための管理図である。

【解説19】 np 管理図は不良個数の管理図といわれ、サンプル中にある不良品の数を不良個数 np で表したときに用いる。
　サンプルの大きさ n が一定のときに用いられるのは C 管理図である。百分率（％）で管理するもので欠点数を C で表すが、欠点数 C が n より大きくなる場合がある。

【問題20】 平均修復時間（MTTR）とは、故障設備が修復されてから、次に故障するまでの動作時間の平均値のことをいう。

【解説20】 平均修復時間（mean time to repair）とは、修復時間の平均値、総修復時間を故障数で割った数のことである。

【問題 21】状態監視保全（CBM）とは、定期的に整備を行うことをいう。

【解説 21】状態監視保全（condition-based maintenance）とは、設備診断技術（設備の振動、その他の状態を定量的に測定把握して、異常あるいは、故障に関係する原因および、将来への影響を予知、予測し必要な対策を見い出す技術）を用いて行う保全のことで、予知保全ともいう。

状態監視保全と予知保全はコンディション・ベースド・メンテナンス（condition-based maintenance）ともいわれる。

【問題 22】被測定箇所にセンサを取付け、ピックアップで取り出した振動を電圧などに変換して測定する方法を超音波測定法という。

【解説 22】超音波測定法とは非破壊検査の方法の１つで、金属材料の表面から内部に超音波パルスを発射し、内部の傷からの反射波を受信して、傷の有無や位置などを検出する。

周波数が 0.4 ～ 15MHz の超音波のパルス波を被測定金属材料内部に放射し、欠陥面と底面での反射波の違いにより内部欠陥を発見する非破壊検査用装置が超音波探傷器で、携帯用と定置用がある。

高圧容器・パイプライン・構造部材などの溶接部の欠陥、金属材料・ガラス・硬質ゴム・プラスチック材料の内部欠陥の発見、タンクやパイプなどの肉厚測定、鋼板などの二枚板の発見、車軸・車輪・ローラシャフトなどの疲労傷の発見に利用される。設問は振動測定法のことである。

【問題 23】ポンプの点検時にグランドパッキンからの漏れを発見した場合は、漏れが完全になくなるまで増し締めを行わなければならない。

【解説 23】グランドパッキンは基本的な漏れ止め用部品として古くから使われており、材質も編組方法も多くある。スタフィングボックス（パッキンを装着する適当な空間）に詰め物を入れ、グランド押さえで圧縮するこ

とにより緊迫力を発生させ流体の漏れをシールする。回転軸、往復動軸、ヘリカル運動する軸などのシールに使用される。構造が簡単なことと装着が容易なこと、また切って使用できるため経済的なことなどの長所がある。グランドパッキンの漏れ対策として増し締めは適切ではない。**図 3-9** にグランドパッキンの種類を示す。

図 3-9　グランドパッキン

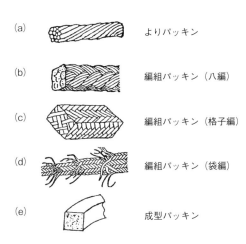

(a)　　よりパッキン

(b)　　編組パッキン（八編）

(c)　　編組パッキン（格子編）

(d)　　編組パッキン（袋編）

(e)　　成型パッキン

【問題 24】軸受を取り外すときに、軸受すきまの確認や潤滑油の調査をすれば、使用中の軸受の状態を推定できる。

【解説 24】設問文の通り、すきまの確認、潤滑油の調査をしておくことは必要である。軸受の取り外し方についてふれる。

①取り外しの注意

（Ⅰ）軸から取り外すには内輪に力を加える。軸受箱から取り外すには外輪に力を加える。

（Ⅱ）力はまっすぐ均等に加える。

②プーラによる取り外し（**図 3-10**）

　ねじをハンドルで回して抜き圧力を与える。

図 3-10　軸受の取外し

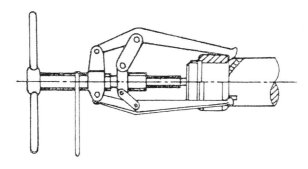

③ハンドプレスによる取り外し

　プレスによる取り外しにはプレスの昇降部と軸受の芯が垂直線上に一致しているかどうか、また、支え金が内輪を支えず、外輪のみ支えて、ボールや内外輪に圧こんを生じさせるようなことがないかをよく確かめること。（**図 3-11**）

図 3-11　ハンドプレスによる場合の支え金の位置

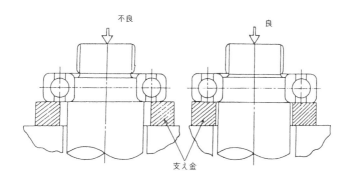

④ジグによる取り外し

　必ず当て金を用いて軸の損傷を防ぐこと。

⑤ハンマと当て金による取り外し

　④と同様、必ず当て金を使用する。

⑥アダプタ付転がり軸受の取り外し

　ワッシャの爪を起こし、ナットを２〜３回転戻してからナット側面に当て金を当てて、ハンマでたたき、スリーブを軸方向に動かす。スリーブが軸方向に動けば軸受は容易に取り外せる。

【問題25】精密角形水準器は、水泡管の曲率半径が大きいほど感度がよい。

【解説25】 水準器は水平度や垂直度、わずかな傾きなどを測定する液体式の角度測定器である。水準器の感度とは、気泡を気泡管に刻まれた１目盛だけ移動させるのに必要な傾斜のことをいう。この傾斜は、底辺１ｍに対する高さ（mm）、あるいは角度（秒）で表すことができる。機械の組立や据付の際に使用する。

【問題26】ボルトのゆるみを発見したので二重ナットにすることにし、先に薄いナットを、その上に厚いナットを取り付けた。

【解説26】 ダブルナット（二重ナット）は**図3-12**に示すように２個のナットを使って互いに締付け、ナット相互を押し合いの状態にして振動を受けても荷重が働いて、緩まないようにしたものであり、強度の補強ではない。その締め方はまず、止めナットＢを締め、次に本ナットＡを締めて、さらに止めナットＢをほんのわずかに戻して、本ナットＡと互いに押合いの状態にしておく。本ナットより止めナットの方が薄いのが普通であるが、同じ厚さでもよい。

図 3-12　ダブルナット

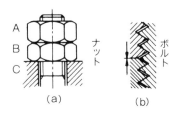

【問題 27】 管理限界は、工程が統計的管理状態にあるときに用いられるもので、上方管理限界と下方管理限界がある。

【解説 27】 管理図は工程を管理するもので、統計的に定められた管理限界線をもっている。図 3-13 の正規分布曲線で、中心線の上方に上部管理限界（UCL）、下方に下部管理限界（LCL）を示す。中心線は平均値を示している。図 3-13 でM±3σのところに管理限界線を引くと全体の 99.7％は合格品となり、不良品は 1000 個中の 3 個の発生率となる。上部管理限界と下部管理限界との距離は 3σにするのが普通で、規格は標準偏差の 3 倍ということになる。これを 3σ限界といい、これより外された場合は、工程に異常が発生したと判断される。

図 3-13

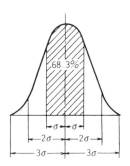

【問題 28】 故障モードとは、亀裂、折損、焼付き、断線、短絡などの故障状態の分類である。

【解説 28】 JIS Z 8115 によれば故障モードとは、故障状態の形式の分類であると規定されている。

【問題29】 保全要員計画や改良保全計画は、保全計画の項目に含めない。

【解説29】 保全計画は、費用、設備、要員、情報、管理、技術などを総合する中・長期的な方針であるので、保全要員計画や改良保全計画にも保全計画を含める。

【問題30】 設備総合効率は下記の式で求められる。
　　設備総合効率＝時間稼働率×速度稼働率×良品率

【解説30】 JIS Z 8141 に「設備総合効率＝時間稼働率×性能稼働率×不良品率」と規定されている。
　速度稼働率ではなく、性能稼働率であるので誤りである。

4. 材料一般

【問題 1】炭素鋼は、一般に炭素量が増すと、硬さ・引張強さは減少する。

【解説 1】鋼は鉄（Fe）と炭素（C）との合金（化合物）であり、炭素の含有量の多少により、軟鋼、硬鋼に区別される。この範囲は $0.12 \sim 0.80\%$ 程度である。さらに炭素の量が増え、1.7% を超えると鋳鉄という。鋼の性質は炭素の含有量によって極めて鋭敏に変化する。

おおよその傾向は、炭素量が増すと、引張り強さ、ブリネル硬さは大きくなり、逆に伸びは小さくなる。

鋼の機械的性質について、横軸に C 量（炭素量）（%）をとって示したのが図 4-1 である。

硬さの他に降伏点、絞り、伸びも合せて示している。

傾向としては C 量が増すにしたがい、引張り強さ、硬さともに増加することがわかる。
ただし、C が約 1.0% 当たりまでである。

図 4-1　炭素量と鋼の機械的性質

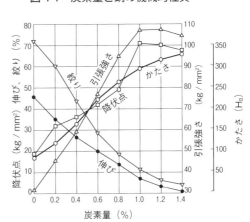

【問題2】 合金鋼のうちクロムとマンガンを含有するものを、すべてステンレス鋼という。

【解説2】 ステンレス鋼は大別して次の2つに区分している。

（1）クロム系ステンレス鋼

　　　マルテンサイト系（SUS410、420）・・・12～13％のCrを含むもの。

　　　フェライト系（SUS430）・・・・・・16～18％のCrを含む。

（2）オーステナイト系ステンレス鋼（クロムニッケル系SUS304他）

　　Cr18％にNi8％のものを、18-8ステンレス鋼という。比較的軟らかい。

　　機械構造用炭素鋼はSC材ともいわれ、JISでS35CとかS45Cというような記号で示される炭素鋼である。0.6％以下の炭素を含み、圧延のまま、または焼入れ・焼戻しを行って機械の重要な部品に使われる。

　　JIS記号の意味は、Sはsteel（鋼）の頭文字、10CなどのCはcarbon（炭素）の頭文字で、数字は炭素量の平均値である。さて、靱性は一般には衝撃値で示されるが、シャルピー値でステンレス鋼では10～13kgf・m/cm^2、炭素鋼では7～10kgf・m/cm^{2}となる。

　　ステンレス鋼は、鋼にクロム（Cr）を合金化することにより耐食性を向上させたものである。

　　また酸に侵されにくくするために、さらにNi、Mo、Cuなどを加えている。代表的なものは18-8ステンレス鋼である。Cr18％に、Ni7～10％を含んだもので軟らかく、加工性もよく、耐食性もあり、用途が広い。

　　強度面では、引張り強さが80kgf/mm^{2}以上もあり、引張り試験での伸び、絞りの値もよい。

　　代表的な材料の熱伝導率のデータを**表4-1**に示す。**図4-2**のように均質で厚さが一様な平行平面壁の伝熱量Qは、

$$Q = \lambda \frac{(t_1 - t_2)}{\ell} \cdot F \quad (\text{kcal/h})$$

で求められる。ここで

Q：単位時間の熱伝導量（kcal/h）　　　t_1、t_2：壁面の温度（℃）

ℓ：壁面の厚さ（m）　　　F：壁面の面積（m^2）

であって、比例定数をλ（ラムダ）として係数を掛けてQを求める。

この場合の λ を熱伝導率（kcal/m・h・℃）と呼んでいる。

表 4-1 から比較すると、軟鋼は λ = 51kcal/m・h・℃で、ステンレス鋼は λ = 14kcal/m・h・℃であって、ステンレス鋼は軟鋼のほぼ 1/3 である。

表 4-1　材料の熱伝導率

種　類		熱伝導率（λ）kcal/m・h・℃
アルミニウム（純）		196
鉛		30
軟　鉄（C＜0.5%）		51
炭素鋼	0.5 C%	46
	1.0 C%	37
	1.5 C%	31
18-8 ステンレス鋼（18 Cr、8Ni）		14
銅（純）		332

図 4-2　平行平面壁の熱伝導

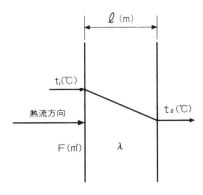

【問題3】アルミニウムは、銅より熱伝導率が高い。

【解説3】アルミニウム、銅、および鉄の材料についての物理的性質（比重・比熱・線膨張係数・熱伝導率・固有抵抗）を比較して**表4-2**に示す。**表4-2**からもわかるように熱伝導率は銅、アルミニウム、鉄の順になる。

表4-2　Aℓ、Cu、Fe の物理的性質の比較〔（　）の数値は大きい順位を示す〕

	比重	比熱 (kcal/kgf・℃)	線膨張係数 (l/℃)	熱伝導率 (kcal/m・h・℃)	固有抵抗 （Ω・m）
アルミニウム（Aℓ）	2.71 (3)	0.219(1)	23.5×10^{-6}（1）	205（2）	2.67（2）
銅（Cu）	8.96 (1)	0.0923(3)	17.0×10^{-6}（2）	341.6（1）	1.694（3）
鉄（Fe）	7.87 (2)	0.109(2)	12.1×10^{-6}（3）	67.3（3）	10.1（1）

　主な物理的性質の意味について、以下に記述する。

（1）比重・・・・・物体の質量とそれと同体積の4℃における水の質量との比をいう。

（2）比熱・・・・・単位質量（単位重量）の物質の温度を、単位温度差だけ上昇させるのに要する熱量であり、物体の単位質量当たりの熱容量をいう。

（3）線膨張係数・・圧力一定のもとで物体が熱膨張するとき、単位温度差あたりの長さの変化率をいう。

（4）熱伝導率・・・物体内部の熱の流れの方向に対して、垂直にとった面を通る単位面積当たりの熱流とその方向の温度勾配との比をいう。

（5）固有抵抗・・・一様な断面積Aをもつ直線状導体の抵抗Rは、その長さLに比例しAに反比例する。すなわち、

　　　　$R = \rho (L / A)$

で表されρを固有抵抗という。

【問題４】焼ならしの主な目的は、焼入れした鋼の粘り強さを増すことである。

【解説４】熱処理作業には、焼なまし、焼ならし、焼入れ、焼戻しの４つがある。鋼を一様なオーステナイト組織になるまで加熱し、その温度をしばらく保ってから、空中放冷する操作を焼ならしという。

　この処理は、鋳鋼や鍛錬した鋼などの結晶の微細化および材質の改善をはかり、標準化することを目的としている。

【問題５】引張強さ 400N/mm^2 の一般構造用圧延鋼材は、SS400 と表す。

【解説５】一般構造用圧延鋼材は通常 SS 材と呼ばれているもので、鋼材の中では最も安価である。

　JIS 規格では引張強さによって SS340、SS400、SS490 および SS540 の４種類に分類されているが、最も一般的なものが SS400 である。SS の最初の S は Steel（鋼）、次の S は Structure（構造）を、その後に続く三桁の数字は引張強さの下限を示している。

　例えば、SS400 の引張強さは 400 〜 510MPa、SS540 の引張強さは 540MPa 以上である。

【問題６】黄銅は、主に銅とすずの合金である。

【解説６】黄銅は銅がベースの合金である。銅にどのような金属を加えるかにより、色々な種類の合金が生まれる。まず、銅をベースに亜鉛を加えた合金は黄銅と呼ばれる。別名真ちゅうともいう。

　これに対して銅と錫の合金を青銅という。ただ少量ではあるが、亜鉛、鉛、りんなどを加える。六四黄銅とは銅60％、亜鉛40％の比率の合金で、鋳造用、熱間加工用として用いる。また、七三黄銅という合金もある。これは銅70％、亜鉛30％の合金で、冷間加工性に富み、板や管、棒などへの圧延が可能である。

【問題7】 高周波焼入れ法は、表面硬化法の一種である。

【解説7】 高周波焼入れは、鋼の表面を硬化させる方法の一種である。すなわち、高周波電流により渦電流を生じさせ、その際の熱で焼入れを行う方法である。素材の表面を加熱する場合は、その品物の形に適したコイルを作って、その中に加工物を置き高周波電流を流す。

その直後、電流を切り、水あるいは冷却剤などを噴射して急冷し焼入れができる。炭素含有量は 0.4 〜 0.6％の鋼に適用でき、作業時間が短く表面に一様にむらなく焼入れできる。歯車の表面硬化にはよく活用されている。図 4-3 にコイルの形状を示す。

図 4-3　高周波焼入れに用いるコイル

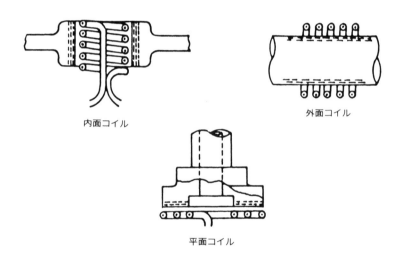

内面コイル

外面コイル

平面コイル

【問題8】 焼戻しの主な目的は焼入れした材料をもとの硬さに戻すためである。

【解説8】 鋼を焼入れしたときにできる組織はマルテンサイト組織である。

この組織は硬さが高いが、不安定な組織であり、展延性がなくもろい。したがって刃物や工具などのように、硬さと同時に粘り強さを必要とする

材料には即使えない。粘り強さを与えるため、もう一度 1000℃〜A₁点以下の温度に加熱して冷やす操作を焼戻しと呼ぶ。この処理を行うことにより硬さは多少低くなるが靭性は回復する。しかし硬さを元に戻すことにはならない。

〔類問〕焼入れした鋼は一般的に焼戻しを行う。【解答○】

【問題9】 18-8 ステンレス鋼とは、ニッケル約 8%、クロム約 18% の合金鋼である。

【解説9】 ステンレス鋼（SUS）

（1）クロム系ステンレス鋼

　鋼の耐食性はクロム（Cr）を含有することによって著しく向上する。Cr 含有量 12% 以上のものをステンレス鋼と呼び、12% 以下のものを耐食鋼と呼んでいる。

①マルテンサイト系

　いわゆるクロム鋼のことで 12 〜 18% の Cr を含み、高温から焼入れると、マルテンサイトになるのでこの名がある。

②フェライト系

　Cr を 16 〜 18% ほど含むものが多く、熱処理による材質の改善はできない。しかし、溶接が可能であり耐食性がよい。

（2）オーステナイト系ステンレス鋼（CrNi 系ステンレス）

　いわゆる 18-8 ステンレス鋼と呼ばれるもので、Cr18% に Ni 7 〜 10% が含まれているものが多い。組織はオーステナイトであるから、軟らかく加工性に優れ、耐食性も優秀で非磁性である。強度面でも引張強さが 80kgf/mm² 以上もあり引張試験での伸び、絞りの値もよい。

【問題 10】 ジュラルミンとは、アルミニウムを主成分とし、これに銅など
を加えたものである。

【解説 10】 ジュラルミン（duralumin）はアルミニウム合金で、航空機の機
体や自動車、建材などに用いられる。

【問題 11】 脱炭処理すると焼入れ性が向上し、焼入れ処理後の硬度が上がる。

【解説 11】 脱炭処理（decarborization）とは、炭素と反応する雰囲気の中
で鉄鋼を加熱し、表面から含有炭素を減少させる処理方法をいう。

【問題 12】 日本工業規格（JIS）によれば、ステンレス鋼はクロム含有率が
10.5%以上、炭素含有率が 1.2%以下の耐食性を向上させた合金鋼である。

【解説 12】 JIS G 0203 に、常温における組織によってマルテンサイト系、
フェライト系、オーステナイト・フェライト系および析出硬化系の 5 種類
に分類されていると規定されている。

5．安全・衛生

【問題1】ワイヤロープは、一よりの間で素線数の 10%以上切れているもの、また、直径の減少が 7%を超えるものは使用禁止とする。

【解説1】ワイヤロープのうち、クレーン用玉掛けロープについて規則により次の4項目を廃棄限度としている。
（1）素線の数の 10%以上の素線が切断したもの
（2）直径の減少が公称径の 7%をこえるもの
（3）キンクしたもの（ロープの局部に起こったねじれ状の損傷）
（4）著しい形くずれまたは著しい腐食があるもの
　本問では、上記の（2）についてのチェックに該当する。

【問題2】労働安全関係法令によれば、両頭研削盤の研削といしとワークレスト（受台）とのすきまは、3mm 以下にしなければならない。

【解説2】卓上用研削盤あるいは床上用研削盤において、研削砥石の周囲とのすき間を3mm 以下に調整できるワークレスト（研削すべき工具や部品材料を安定しておける台）を備えることとなっている。すなわち、砥石外周とワークレストとのすき間は、3mm より小さくしなければならない。（図5-1）

図 5-1 卓上用、床上用研削盤におけるワークレストのすきま

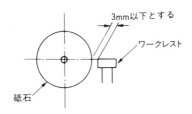

3mm以下とする

ワークレスト

砥石

【問題3】 ボール盤作業では、切りくずで手を傷つけやすいので必ず手袋を着用する。

【解説3】 労働安全衛生規則第111条では、ボール盤などでの手袋の使用禁止について、次のように規定している。

「事業者は、ボール盤、面取り盤などの回転する刃物に作業中の労働者の手が巻き込まれる恐れのあるときは、当核労働者に手袋を使用させてはならない」

回転体を扱う場合は、当然の処置である。

【問題4】 スパナの柄にパイプを継いでボルトを締め付けても、別に問題ない。

【解説4】 スパナによる作業の注意事項として、次のようなことがある。
（1）スパナの柄にパイプなどを継ぎたしてはならない。

これは、締め付け作業、緩み作業などで、滑って、継ぎたし部分が外れて作業者が負傷したり製品を破損したりする恐れがあるためである。

また、ねじには適正な締め付けトルクがある。この場合、スパナの柄を継ぎたすと、腕の長さが長くなり、過大なトルクが加わることになる。その結果、ねじそのものの破損につながる。適正な作業ができなくなる。

（2）スパナとナットの間に介物をして締め付け作業をしてはならない。

　これは、スパナの２面幅寸法がボルトなどの２面幅寸法より大きいとき、つまり定められた標準のスパナがなくピッタリとしていないときに苦肉の策としてありそうだが、こういったことはやってはならない。

（3）スパナは手前に引くように使用する。

　理屈からすればスパナは押しても引いても使えるはずだが、安全上からは押してはならない。

【問題５】 労働安全衛生関係法令によれば、研削盤の研削砥石（といし）を取り替えた場合には、１分間以上の試運転をしなければならない。

【解説５】 労働安全衛生規則第118条によると、研削砥石の試運転について「事業者は研削砥石についてはその日の作業を開始する前には１分間以上、砥石を交換したときは３分間以上、試運転をしなければならない」と規定している。

　したがって本問の場合、１分ではなく３分が正しい。

〔類問〕労働安全衛生関係法令によれば、研削盤の研削といしは、その日の作業を開始する前には１分間以上の試運転をしなければならない。
【解答○】

【問題６】 労働安全衛生関係法令には、健康管理に関する項目も規定されている。

【解説６】 労働安全衛生法の第１条に「職場における労働者の安全と健康を確保する」と規定されている。

【問題7】機械間又はこれと他の設備との間に設ける通路については、幅80ｃｍ以上としなければならない。

【解説7】労働安全衛生規則第543条によれば下記のように規定されている。

[機械間等の通路] 第543条

　事業者は、機械間又はこれと他の設備との間に設ける通路については、幅80ｃｍ以上のものとしなければならない。

【問題8】クレーン等の安全規則によるとワイヤーロープの局部に起こったねじれ状の損傷、著しい形くずれ、腐食のあるものは使用してはならない。

【解説8】クレーン用玉掛けロープについて規則により次の4項目を廃棄限度としている。

（1）素線の数の10％以上の素線が切断したもの

（2）直径の減少が公称径の7％を超えるもの

（3）キックしたもの（ロープの局部に起こったねじれ状の損傷）

（4）著しい形くずれ、又は著しい腐食があるもの

　本問は上記項目の3、4に該当するもので、使用禁止である。なお、念のため（1）〜（4）のいずれか1つでも該当すると、使用してはならない。

【問題9】非常停止用押しボタンスイッチの接点は、安全な方向に作用するためにｂ接点が使われる。

【解説9】電気接点のうち、ａ、ｂ接点の意味は**表 5-1**のようになっている。

表 5-1　接点の種類

種　類	図記号		動作の概要
	a 接点	b 接点	
手動操作 自動復帰 接　点			操作している間だけ接点が開閉し、手を離すと操作部分と接点は元の状態に戻る。
保持形 接　点 （手動接点）			操作後、手を離しても操作部分と接点はそのままの状態を保持し続ける。
操　作 スイッチ 残留接点			操作後、手を離すと接点はそのままの状態を保持し続けるが、操作部分は元の状態に戻る。

【問題 10】労働安全衛生関係法令によれば、機械の回転軸、ベルトなどで危険を及ぼす恐れのある部分には、覆い、囲いなどを設けなければならない。

【解説 10】労働安全衛生規則第 101 条に「事業者は、機械の原動機、回転軸、歯車、プーリー、ベルト等が労働者に危険を及ぼすおそれのある部分には、覆い、囲い、スリーブ、踏切橋等を設けなければならない」と規定されている。

２級
例題問題 Q&A
（択一法編）

1．機械要素
2．機械の点検
3．異常の発見と原因
4．対応措置
5．潤滑・給油
6．機械工作法
7．非破壊検査法
8．油圧・空気圧
9．非金属および表面処理
10．力学および材料力学
11．図示法・記号

1. 機械要素

【問題1】ねじの有効径に関する記述のうち、適切でないものはどれか。

イ　同じ呼び寸法のねじで、並目ねじと細目ねじは、有効径は細目ねじの方が大きい。

ロ　有効径によって、ねじの強度を評価する。

ハ　有効径の測定には、三針法を使う。

ニ　三角ねじは、有効径のところで破損することが多い。

【解説1】ねじの原理について解説する。

　円筒の周囲に傾斜角 β をもつ直角三角形を巻き付けると、斜辺ＡＢのつる巻線を描くことができる（**図1-1**）。この線に沿って「みぞ」や「突起」を作ったものが「ねじ」である。円筒の外側にねじ山をもったものを「おねじ」、円筒の内側にねじ山をもったものを「めねじ」と呼ぶ。ねじの名称を**図1-2**に示す。

　設問は、有効径に関することである。

　有効径とは、ねじ山の部分と谷の部分の寸法が等しくなる仮想上の円筒の直径で、ねじの強度計算や精密な測定を行うときなどの基本的な寸法である。

　図1-3にピッチ、有効径、呼び径の図解を示す。ここでピッチ（Ｐ）とは、ねじ山の隣り合う山の対応する２点間の距離をいう。呼び径とは、ねじの直径の大きさを表す径で、主としておねじの外径寸法を指す。並目ねじと

細目ねじでは、細目ねじの方がピッチが小さい。ピッチが小さくなると有効径は大きくなる。**図 1-3** の図解でみると、ピッチを小さくしていくと呼び径は不変だが、図の関係から有効径は少しづつ大きくなることがわかる。

図1-1　ねじの原理

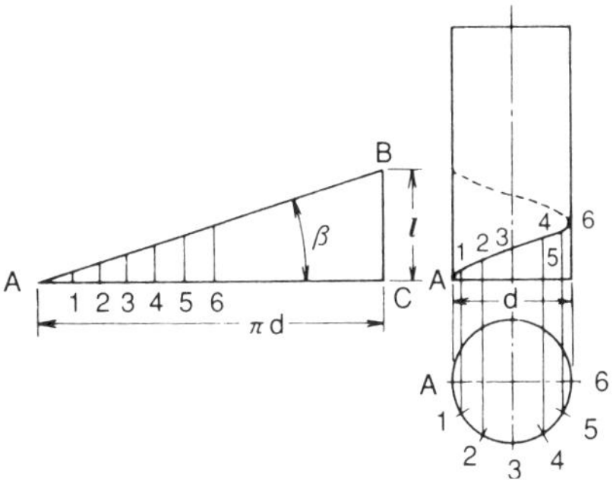

図1-2　ねじ各部の名称

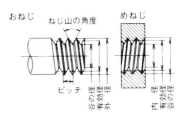

図1-3　ピッチ、有効径、呼び径

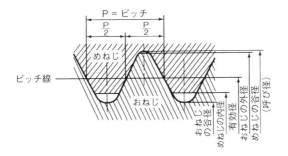

　また、**図1-4** にはリード角とねじれ角を示している。リード（ *l* ）とは、おねじを1回転したとき、これにはまり合うめねじが、軸方向に移動する距離をいう。おねじとめねじの位置関係を入れかえても同じである。
　つる巻線の数をn（条）とすると、

$$l = n \times P$$

の関係式が得られる。
　また、つる巻線の傾き（傾斜角 β ）をリード角（つる巻角ともいう）という。つる巻線と軸に平行な平面が作る角度が、ねじれ角（ α ）である。

ねじれ角（α）＋リード角（β）は90°になる。

図1-4　リード角とねじれ角

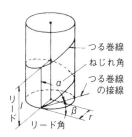

ねじの呼び寸法は、おねじの外径寸法によって表す。M 20とあれば、メートルねじで外径20mmを示している。細目ねじでは、この値の次にかける（×）の記号を入れ、細目ねじのピッチを記入することになっている。

ハの設問にある三針法は、等しい直径（d）の3本の針を用いてねじ山の斜面に当て、外側からマイクロメータなどの測長器を用いて距離Mを測定し、計算式で有効径d_2を求めるものである。

この三針法は1888年にイギリスのW.Taylorによって発表されたもので、精度の高いねじの有効径の精密測定に欠かせない測定法となっている。（図1-5）

使用する針について、JIS B 0271（ねじ測定用三針）に規定がある。

図1-5　三針法による有効径測定

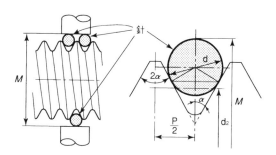

$$有効径 \, d_2 = M - d\left(1 + \frac{1}{\sin \alpha}\right) + \frac{1}{2}\, p \cos \alpha$$

M：3針の両側を挟んで測定した距離

d：針の径

$$d = \frac{p}{2\cos \alpha} \text{になるように選んだ d を最良径という。}$$

α：ねじ山の角度の 1/2

p：ピッチ

　この三角ねじは、ねじ山の断面が三角形のねじの総称で、JIS には、①メートル並目ねじ、細目ねじ②ユニファイねじ③管用ねじの 3 種がある。ねじ山の頂点を平らにし、谷部を丸めてあり、ねじ山角度は 60°のもの（メートルねじ、ユニファイねじ）と 55°のもの（管用ねじ）がある。3 種の特徴の比較を**表 1-1** に示す。

　三角ねじの破損はねじ部が 65 % を占め、有効径では破損しない。

表 1-1　三角ねじの特徴と比較

特徴＼名称	メートルねじ	インチねじ系
		ユニファイねじ
ねじ山の角度	60℃	60℃
ねじ山の山頂	平ら	平ら
谷 底	丸み	丸み
呼び径の単位	mm	番号またはインチ
ピッチの単位	mm	1 インチ（25.4mm）間の山数
等級（左側精度良）	1 級〜3 級	おねじ　3A 〜 1A　めねじ　3B 〜 1B
表示例（並目）	M6	1/4-20　UNC
表示例（細目）	M10 × 1	No.8-36　UNF
JIS	規定あり	規定あり

【問題２】ねじのリードについて、誤っているものはどれか。
イ　１条ねじでは、ピッチとリードは同じである。
ロ　２条ねじでは、ピッチはリードの半分である。
ハ　条数が多いほど、リードが大きい。
ニ　リードは、ピッチを条数で割って求める。

【解説２】ねじのリードとピッチの関係を説明する。リード（l）とはおねじを１回転したとき、これにはまり合うナット（めねじ）が軸方向に移動する距離をいう。おねじとめねじの位置関係を入れかえても同じである。またピッチ（Ｐ）とは、ねじ山とねじ山との間隔をいう。ここでねじを作るつる巻線の数をn（条）とするとl、Ｐ、nの関係は次式のようである。

$l = n \times P$

　この計算式を念頭に入れておくと、この問題は容易である。
イ　n＝１だからl＝Ｐを得る。
ロ　n＝２だからl＝２Ｐから、Ｐ＝l／２を得る。
ハ　l＝n×Ｐから、nが多いとlは大きくなる。実用的には高さn＝３、つまり３条ねじ止まりである。
ニ　l＝nＰが正しいので、ピッチを条数で割るというのは誤り。

図1-6　１条ねじ、２条ねじ、３条ねじ

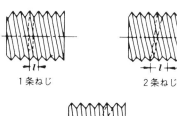

【問題3】座金に関する記述のうち、誤っているものはどれか。

イ　歯付き座金は、回り止めの役目をする歯が設けてあるばね座金である。

ロ　皿ばね座金は、平板状をした座金である。

ハ　平座金は、ボルトなどの頭部座面と被締付け部材の表面との間に挟む座金である。

ニ　ばね座金は、ばね作用を利用して、緩み止めをさせる座金である。

【解説3】座金は、ワッシャと呼ばれ、使用目的により、平座金、舌付座金、つめ付座金、歯付き座金、ばね座金など、いろいろある。（**図**1-7）

図 1-7　いろいろな座金

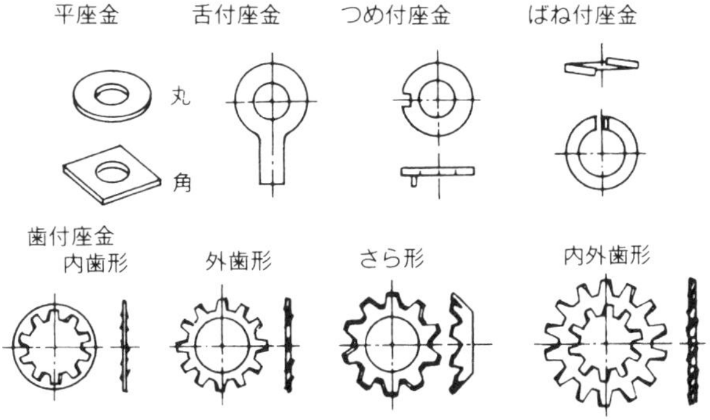

平座金・・・・円形状のものと四角のものとがある。ボルト穴の径がボルトに対し大きすぎる場合、あるいは座面が粗かったり、座面の材質が弱く広い面で支えなければならない場合に、振動、回転などによる緩み抜けや落ちを防止するのに使用されている。四角形状は木材用である。

舌付座金・・・・ナットを締めてから折り曲げるもので回転止めに使用する。

つめ付座金・・・・平座金の一部をつめのように折り込んで固定する。

歯付座金・・・・図示のように歯形をしたもので、各々にばね性をもたせてあり、緩み止めの効果が大きい。いずれも熱処理をして鋼製のものは HRC40 ～ 50 の硬度にしてある。

ばね付座金・・・・弾力性があるので、ボルト、ナットの振動による緩みを防止する。右ねじには左巻きを、左ねじには右巻きのものを使う。

皿ばね座金・・・・お皿を伏せた形状をしている。軽荷重用と重荷重用の2通りある。

【問題4】 機械要素に関する記述のうち、適切でないものはどれか。

イ　接線キーは、正転・逆転し大きなトルクを伝達する軸に適用する。

ロ　ボールねじは、摩擦が非常に小さく高精度の移動用ねじとして用いられる。

ハ　アンギュラ玉軸受は、接触角が大きいものほど高速回転に有利である。

ニ　1条ねじでは、リードとピッチは等しい値になる。

【解説4】

イ　接線キーは、キー溝を軸の接線方向に作って、こう配 1/60 〜 1/100 の2個のキーを互いに反対向きに組合せて打込んだもの。

　回転方向が一定であれば1ヵ所だけでよいが、回転方向が変化する場合は**図1-8**に示すように 120°の角度に2組配置して使う。この場合、キーは圧縮作用だけを受けるので、大きな回転力にも耐えられる。

図1-8　接線キー

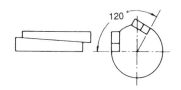

　特徴としては、

①キーのうちでは最も強く固定できる。

②重荷重の回転に適する。

③回転方向が変わって緩みにくい。

などがある。

ロ　ボールねじは、おねじとめねじの溝を対向させ、つる巻状の溝に鋼球を入れたねじで、摩擦が小さく効率が高い。

ハ　アンギュラ玉軸受では、接触角が小さい方が高速回転には有利である。

【問題5】軸受に関する記述のうち、適切でないものはどれか。

イ　円すいころ軸受は、スラスト荷重を受けることができない。

ロ　単列深溝玉軸受は、ラジアル荷重のほかに両方向のスラスト荷重も受けることができる。

ハ　組合せアンギュラ玉軸受において並列組合せは、一方向のスラスト荷重を受けるのに使用する。

ニ　自動調心玉軸受は、若干の取付け誤差も許容できる。

【解説5】

イロ　転がり軸受の荷重の負荷方向の問題である。**図 1-9** に代表的な転がり軸受として玉軸受から３種、転がり軸受から６種を選び負荷能力の方向を示した。深みぞ玉軸受ではラジアル方向の荷重はもちろんであるが、スラスト方向の荷重も受けられる。

円すいころ軸受は**図 1-10** に示すような形状である。これは円すいころを用いたもので、内輪、外輪の軌道も円すいである。ラジアル荷重と一方向のスラスト荷重に対して大きな負荷能力がある。また衝撃荷重にも比較的強い。この形式の軸受は、自動車、鉄道車両、工作機械など広く用いられている。

図 1-9　転がり軸受の負荷方向

ラジアル軸受			ラジアル軸受			ラジアル軸受		
深みぞ玉軸受		↑↔	円筒ころ軸受（NU，N形）	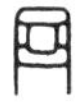	↑	円すいころ軸受	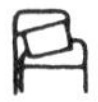	↑←
アンギュラ玉軸受	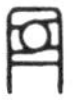	↑←	円筒ころ軸受（NJ，NF形）	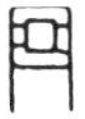	↑→	複列・四列円すいころ軸受	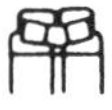	↑↔
自動調心玉軸受	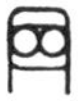	↑↔	複列円筒ころ軸受	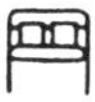	↑	自動調心ころ軸受	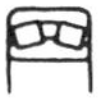	↑↔

〈凡 例〉：↑ ラジアル荷重の負荷が可能　← 一方向のスラスト荷重の負荷が可能
↔ 両方向のスラスト荷重の負荷が可能

図 1-10　円すいころ軸受

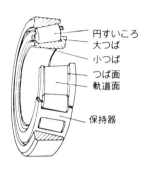

ハ　アンギュラ玉軸受は**図 1-11**に示すようにaの接触角をもっているので、一方向のアキシャル荷重、あるいは合成荷重を受けるのに適している。構造上、ラジアル荷重がかかるとアキシャル分力が生じるので、2個を対向させるか、2個以上を組合わせた軸受として用いる。

　図 1-12 は単列アンギュラ玉軸受である。予圧を加えることにより軸受の剛性を高めることができるので、軸の回転精度が要求される工作機械の主軸などの用途に適している。このようにアンギュラ玉軸受は、ラジアル荷重、アキシャル荷重の両方を負担することができる。

　図 1-13 転がり軸受の種類を示す。

図 1-11　アンギュラ玉軸受の接触角　　図 1-12　単列アンギュラ玉軸受

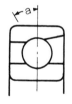
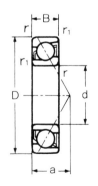

図 1-13 転がり軸受の種類

(a) 単列　　(b) 複列　　(c) マグ　　(d) 複列　　(e) 単列
　　ラジアル　　自動調心　　ネット形　　アンギュラ　　円筒ころ軸受
　　玉軸受　　玉軸受　　玉軸受　　コンタクト
　　　　　　　　　　　　　　　　　玉軸受

(f) 単列円すい　　(g) 複列珠面　　(h) 単列針状　　(i) 単列針状
　　ころ軸受　　　　ころ軸受　　　　ころ軸受　　　　ころ軸受

【問題６】記述中の（　　　）に入る語句として、適切なものはどれか。
　転がり軸受の損傷でいう（　　　）とは、軸受が荷重を受けて回転した
とき、軌道輪や転動体の表面が転がり疲れによってうろこ状にはがれる現
象をいう。
イ　フレーキング
ロ　スミアリング
ハ　フレッチング
ニ　電食

【解説6】フレーキングは、軸受の軌道面または軌道面が、転がり疲れによってうろこ状に剥がれる現象をいう。この状態を転がり軸受か疲れ寿命に達したといい、正常に使用していても、いずれ達する軸受の寿命で交換が必要となる。

スミアリングは転がり面が油切れになり、軌道やつば、転動体に部分的な微小焼付きが生じるものである。

フレッチングは、軸と内輪、ハウジングと外輪など接触する2個体間に、微小な接線方向の振動が与えられたときに生じる表面損傷で、錆色の腐食を呈する現象をいう。普通の往復すべり摩耗とは異なるメカニズムで損傷が生じるといわれており、雰囲気の影響を強く受けている。

電食においては回転中の軸受の軌道体との接触部に電流が通過すると、潤滑油膜を通してスパークが発生する。

そのため軌道と転動体との接触部表面が溶融して凹凸状となり、焼戻された状態になる。これを電食という。

電食を防止するには、軸受内部に電流が通過することを防ぐ必要がある。それには、適切なアースを取付けたり軸受のはめ合い部に絶縁材料を挿入するなどの方法がある。軸受の損傷とその原因、対策を**表1-2（1）〜（3）**に示す。

〔類問〕転がり軸受の軌道面に発生する損傷で、一般的に何らかの手直しによって再使用できるものはどれか。

イ　変色（褐色・紫色）が発生している場合
ロ　変色（油やけ）が発生している場合
ハ　焼付きが発生している場合
ニ　割れが発生している場合
【解答ロ】

表 1-2　軸受の損傷とその原因・対策（1）

損 傷 状 態		原 因	対 策
フレーキング	ラジアル軸受の軌道の片側にのみフレーキング 複列軸受の軌道の片側にのみフレーキング	異常スラスト荷重	自由側軸受の外輪のはめ合いをすきまばめしとし、軸の熱膨張を見込んだ軸方向のすきまを確保する
	軌道の円周方向対称位置にフレーキング	ハウジング真円度不良	二つに割れのハウジングの場合、特に注意 ハウジング内径面の精度修正
	ラジアル玉軸受で軌道に対し斜めにフレーキング ころ軸受で軌道面、転動面の端部近辺にフレーキング	取付不良、軸のたわみ、心出し不良 軸・ハウジングの精度不良	取付け注意、心出し注意、大きいすきまの軸受を選ぶ、軸・ハウジングの肩の直角度修正
	軌道に転動体ピッチ間隔のフレーキング	取付時の大きな衝撃荷重 運転休止時のさび 円筒ころ軸受の組込みきず	取付けに注意 運転休止が長期のとき さび止め処置
	組合せ軸受の早期フレーキング	予圧過大	予圧量の適正化
かじり	軌道面、転動面のかじり	初期潤滑不良 　グリースが固すぎる 　始動時の加速度大	軟らかいグリースを使用 急激な加速を避ける
	スラスト玉軸受の軌道面にらせん状のかじり	軌道輪が平行でない 回転速度が速すぎる	取付を修正し、予圧をかける適正な軸受形式を選定する
	ころ端面とつば案内面とのかじり	潤滑不良、取付不良 スラスト荷重大	適正な潤滑剤を選ぶ 取付けを正す

表1-2　軸受の損傷とその原因・対策（2）

損傷状態		原因	対策
破損	外輪または内輪の割れ	過大な衝撃荷重、しめしろ過大軸の円筒度不良、スリーブテーパ度不良、取付部すみの丸み大サーマルクラックの発展、フレーキングの進展	荷重条件の見直し、はめ合いの適正化、軸やスリーブの加工精度の修正、すみの丸みを軸受の面取寸法より小さくする
	転動体の割れ　つば欠け	フレーキングの進展　取付時のつばへの打撃　運搬取扱いの不注意による落下	取扱い、取付け注意
	保持器破損	取付不良による保持器への異常荷重、潤滑不良	取付誤差を小さくする　潤滑法および潤滑剤を検討
圧こん	軌道面に転動体ピッチ間隔の圧こん（ブリネリング）	取付時の衝撃荷重　静止時に過大荷重	取扱い注意
	軌道面、転動面の圧こん	金属粉、砂など異物のかみ込み	ハウジングの洗浄、密封装置の改善、きれいな潤滑剤の使用
異常摩耗	フォールスブリネリング（ブリネリングに似た現象）	輸送中など軸受停止中の振動　振幅の小さい振動運動	軸とハウジングを固定する　潤滑剤として油を使う　予圧をかけて振動を軽減する
	フレッチング　はめ合い面に赤褐色状の摩耗を伴う局部摩耗	はめ合い面の微小すきまですべり摩耗	しめしろを大きくする　油を塗る
	軌道面、転動面、つば面、保持器などの摩耗	異物侵入、潤滑不順、さび	密封装置の改善、ハウジングの洗浄、きれいな潤滑剤を使う
	クリープ　はめ合い面のかじり摩耗	しめしろ不足　スリーブの締付不足	はめ合い修正　スリーブの締付けを適性にする

表1-2　軸受の損傷とその原因・対策（3）

損傷状態	原因	対策
焼付け	軌道面、転動体 つば面の変色、軟化溶着	すきま過小、潤滑不良 取付不良	はめ合い、軸受すきまの見直し 適正潤滑剤を適量供給、取付法および取付関係部品の見直し
電食	軌道面に洗たく板状の凹凸	通電によるスパークで溶融	通電を避けるためアースをとる軸受を絶縁する
さび	軸受内部、はめ合い面など のさびや腐食	空気中の水分結露 フレッチング 腐食性物質の侵入	高温、多湿のところでは保管に注意、長時間運転休止時には、さび止め対策

【問題7】 歯車に関する記述のうち、適切でないものはどれか。

イ　平歯車は、歯すじが直線で、歯は軸に平行に取り付けられており、回転方向は互いに逆になる。

ロ　かさ歯車は、2軸が平行な場合に使用される。

ハ　内歯車は、円筒の内側に歯を刻んだものであり、外歯車とかみ合うときの回転方向は同一である。

ニ　はすば歯車は、2軸が平行であり、歯が軸に対して傾いて、らせん状についている。

【解説7】

イ　平歯車は、歯すじが直線で、軸に平行に取り付けられており、回転方向が互いに逆になる円筒歯車をいう。2本の平行な軸間に回転運動を伝える場合に使われる。歯形はインボリュート歯形であり、簡単で作り易くコストも安い。

ロ　かさ歯車は、交わる2軸間に回転運動を伝える円すい形の歯車で、歯すじが真直な場合と曲線の場合がある。歯の大きさは、外端部から内端部にいくにつれて小さくなっており、歯の外端部での大きさを歯の大きさとする。かさ歯車には、マイタ歯車、すぐばかさ歯車、はすばかさ歯車、まがりばかさ歯車がある。

ハ　内歯車はピッチ円筒の内側に歯が切られている歯車で、これとかみ合う外歯車との回転方向は同方向となる。一対のはすば歯車では、ねじれ方向は逆となる。遊星歯車装置などに利用されている。

ニ　はすば歯車は2軸は平行であるが、歯が軸に対して傾いており、らせん状に付いている。平歯車に比べて歯すじが斜めのため、かみ合い率が大きく、衝撃や騒音・振動も少なく、大きな伝動力を必要とするものに使われている。

【問題8】歯車に関する記述のうち、適切でないものはどれか。

イ　ウォーム減速装置の特徴の一つに、自動締まり作用（セルフロック機構）がある。

ロ　はすば歯車は、主に2軸の相対位置が直交するときに用いられる。

ハ　同じかさ歯車の一対の組合せをマイタ歯車という。

ニ　平歯車のピッチ円直径を無限大にした歯車をラックという。

【解説8】一般にウォームギヤでは、ウォームからウォームホイールを回す場合（減速）がほとんどで、ウォームホイールからウォームへの伝動（増速）は特殊な場合以外みられない。また、歯数比が大きい場合や、進み角が5°以下のような小さな1条ねじウォームなどの場合は、ウォームホイールからウォームへの伝動はできない。この性質を自動締まりといっている。ウォームギヤの特徴としては、他に次のようなことがある。

（1）小形で大きな減速比（1：6〜1：100）が得られる。

（2）かみ合いが静かで円滑である。

（3）摩擦が大きく、寿命が短い。

（4）伝動効率が低いので、動力伝達用としては有利ではない。高負荷の動力伝達には、円筒ウォームギヤよりは鼓形ウォームギヤの方が向いている。

（5）組立において両軸の中心距離や関係位置が正しいことが必要である。（正しくないとガタが激しい）

【問題９】 歯車の名称と特徴の組合せとして、適切でないものはどれか。

	名称	特徴
イ	平歯車	歯すじが軸に平行で、直線である。
ロ	ラックとピニオン	ピッチ円の直径を無限大にした歯車と、軸が平行の小歯車がかみ合ったものである
ハ	やまば歯車	歯すじが軸に平行で、つるまき線状である
ニ	内歯車	円筒の内側に歯が切られている

【解説９】 歯すじが軸に平行で、つる巻線状であるのは、はすば歯車である。やまば歯車は、ねじれ方向が左右で逆のつる巻線を組合わせたものである。

【問題 10】 Ｖベルト伝動に関する記述のうち、適切でないものはどれか。

イ 一般用Ｖベルトは、日本工業規格（JIS）によると６種類が規定されている。

ロ Ｖベルトは常に、平行２軸間に平行掛けで使用する。

ハ 数本以上使用する場合は、一本が劣化しても全部交換するのが普通である。

ニ Ｖプーリに用いる材料は、日本工業規格（JIS）によると炭素鋼製である。

【解説 10】 Ｖベルトは、断面がＶ字形の継ぎ目なしのベルトを、同形のみぞをもつベルト車に数本巻掛けて平行２軸間の伝動を行うものである。摩擦力が大きくて滑りが少なく、運転は静かである。軸間距離の短い伝動、速度比が大きい場合の伝動に適している。

　Ｖベルトの構造は、ゴムを主体とした台形の環状（継ぎ目なし）ベルトで、内部には抗張体として糸や布、合成繊維などが心部に入っている。(**図1-14**)

　Ｖベルトは、その有効周（長さ）が JIS B 6323 で定められていて、太さも小さい順からＭ、Ａ、Ｂ、Ｃ、Ｄ、Ｅの６種に規格化されている。断面

のサイズに関係なく、側面の角度は 40°と決められている。Vベルトは、常にオープンベルト（平行掛け）で使用し、強い馬力を伝えるため、数本以上並行して使用するのが普通である。

　Vベルト車（**図 1-15**）は鋳鉄または鋳鉄製で、みぞの角度は 34°、36°、38°の 3 種類があるが、Vベルトは曲げられると内側の幅が広く、外側の幅は狭くなり、ベルトの角度が 40°より小さくなるため、Vベルト車は径が小さいものほどみぞの角度は小さい。また、軸間距離の調整が必要である。みぞの形は、Vベルトの寿命や伝動効率に大きな影響を与えるので、精密に仕上げる。なお、Vベルトの底面は、みぞ底に触れないようになっている。

図 1-14　Vベルト　　　　　　**図 1-15　Vベルト車**

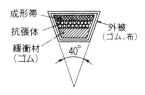
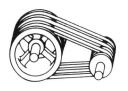

　Vベルト駆動の重要なポイントは、Vベルトの両側の側面で動力を伝達することにある。したがって、正常な状態では**図 1-16** に示すように、底面には必ずすき間がなければならない。

図 1-16　VベルトとVベルト車の駆動状態

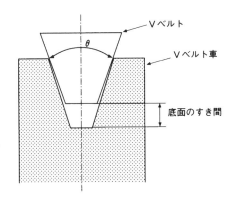

　軸間距離が固定の場合、ベルトへ初張力を与えるために、テンションプーリを取付ける。（**図1-17**）

図1-17　テンションプーリの使用基準

ベルト	項　目	内　側　使　用	外　側　使　用
Ｖベルト	取付け位置	・ユルミ側、張り側とも原動プーリと従動プーリの接触度が等しくなる位置（テンションプーリ／原動 θ_1／従動 θ_2）	・ユルミ側…原動プーリに近い位置（テンションプーリ／原動／従動）
	プーリ形状	Ｖ形プーリ	平プーリ（クラウンなし）
	プーリ径	小さい方のプーリの1.0～1.3倍の径	小さい方のプーリ径の1.3倍以上
歯付ベルト	目的	軸間固定でのテンションプーリ	小プーリの噛合歯数を多くする
	取付け位置	（テンションプーリ／原動／従動）	（テンションプーリ／原動／従動）
	プーリ形状	歯付きプーリ	平プーリ（クラウンなし）
	プーリ径	小さい方のプーリ以上の径	小さい方のプーリ径の1.2倍以上

　テンションはＶみぞ付きプーリで、ベルトの内側に取付けるのがよい。テンションの大きさは最小プーリ径以上とし、運転張力の弱い「ユルミ側」で、接触角度の現象によるベルト伝達力を減少させないために、大プーリに近接した位置がよい。

　テンションをベルト外側に設置することは、接触角度を増すが、ベルトが逆方向に曲げられてき裂が早期に発生し、ベルトの寿命が1/5 ～ 1/10まで低下するので、外側テンションの使用は避けたほうがよい。

【問題11】次の動力伝達に関する記述のうち、適切でないものはどれか。

イ　チェーン伝動は、すべりがなく、速度が一定で、大きな動力伝達ができる。

ロ　Vベルト伝動は、ベルト側面で動力伝達する。

ハ　平ベルトのクロス伝動は、同一方向の回転の動力を伝達する。

ニ　歯車伝動では、モジュールの値が大きいほど、大きな動力伝動ができる。

【解説11】適切でないものはどれかをまず考えてみる。

ハ　平ベルトのクロス伝動は、逆回転させるときに採用される。同一方向というのは誤りである。

　したがってイ、ロ、ニはいずれも適切と考えられる。

イ　チェーン伝動にはすべりがなく、速度は一定、大きな動力伝達が可能である。

ロ　Vベルト伝動の大きな特徴は、側面で動力伝達することである。

ニ　歯車でピッチ直径が同じのとき、モジュールの値が大きいと歯数が減少するが、個々の歯の形状は大きくなり丈夫である。このため、大きな動力伝達ができる。

【問題12】Oリングに関する記述のうち、適切でないものはどれか。

イ　ニトリルゴムは、一般工業用作動油・潤滑油に適し、油圧、空気圧、水圧用として広く使える。

ロ　形状がシンプルかつコンパクトで、機器の構造が簡素化される。

ハ　広い範囲の圧力、温度、流体及び用途（静止部、運動部）で使用できる。

ニ　高速回転部に適する。

【解説12】Oリングは合成ゴム・合成樹脂で作られた断面が円形のリングで、密封部の溝にはめて気密性・水密性を保つために用いる。

　簡単な構造であるうえに性能の信頼性も高く需要が多い。材質によって1種、2種、3種、4種に分類されている。

　Oリングはスクイーズパッキンの代表的なもので、油圧用シールとして重要であり、圧力がかかると、弾性変形を起こしてすき間を防ぎ、密封の働きをする。

これらの種類を**表 1-3** に示す。第 4 種に耐熱用が規定されている。

表 1-3　O リングの種類（材料別）

材料別種類	材料の記号	備考
ニトリルゴム（NBR）相当	1種 A 又は 1A	耐鉱物油用でタイプ A デュロメータ硬さ A70 のもの
ニトリルゴム（NBR）相当	1種 B 又は 1B	耐鉱物油用でタイプ A デュロメータ硬さ A90 のもの
ニトリルゴム（NBR）相当	2種又は2	耐ガソリン用
スチレンブタジエンゴム（SBR）又はエチレンプロピレンゴム（EPDM）相当	3種又は3	耐動植物油用
シリコーンゴム（VMQ）相当	4種 C 又は4C	耐熱用
ふっ素ゴム（FKM）相当	4種 D 又は4D	耐熱用

備考　ゴム材料と使用流体との適合性は、JIS B 2410 による。

2. 機械の点検

【問題1】 機械の点検に使用する測定具に関する記述のうち、適切でないものはどれか。

イ　電気マイクロメータの特徴は、感度切り換えが容易にできることである。

ロ　限界ゲージは、通り側と止まり側とがある測定器である。

ハ　ダイヤルゲージは、部品の寸法を実測できる。

ニ　隙間ゲージは、リーフの組み合わせでいろいろな寸法が測定できる。

【解説1】

イ　電気マイクロメータは、差動変圧器の原理を取り入れたものである。差動変圧器は可動鉄心をもつ一種のトランスであって、可動鉄心の変位に比例した電圧を増幅して、メータで表示するようになっている。（**図 2-1**）

　ところで、長さを測るときは、標準尺をもった絶対測長器と、これに対して変位のみを表す比較測長器とがある。電気マイクロメータの場合は基準となるブロックゲージなどをもとに0（ゼロ）点を決め、この0点からの偏差を求める比較測長器である。

ロ　限界ゲージは、機械部品の寸法が、定められた限界寸法（最大寸法と最小寸法）の範囲内にあるか否かの検査に用いるものである。最大寸法を基準とした測定端と最小寸法を基準とした測定端をもったゲージが一組になっている。穴用にはプラグゲージ（**図 2-2**）、平プラグゲージ、棒ゲージなどがある。また、軸用にはリングゲージ、はさみゲージ（**図 2-3**）などが

あり、使用目的により工作ゲージ、検査ゲージ、親ゲージなどがある。

ニ　すきまゲージ（thickness gauges）は厚さの異なった何枚かの薄鋼片からなる標準ゲージの一種。何枚か重ねて測定する。（**図2-4**）

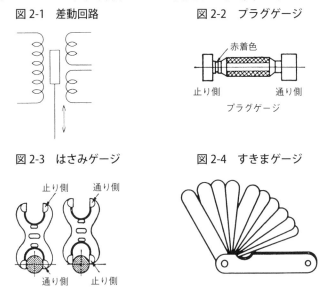

図2-1　差動回路　　　　　　　　　図2-2　プラグゲージ

赤着色

止り側　　　　　　通り側

プラグゲージ

図2-3　はさみゲージ　　　　　　　図2-4　すきまゲージ

止り側　　通り側

通り側　　止り側

【問題2】 平面度の計測に使用する測定器のうち、適切でないものはどれか。
イ　ストレートエッジ（直定規）
ロ　オートコリメータ
ハ　精密水準器
ニ　シリンダーゲージ

【解説2】 オートコリメータは、コリメータと望遠鏡の組合せで微小な角度の差、振れなどを測定する光学測定器である。コリメータ（collimator）は正確な平行光線束を作るための装置で、収差を補正したレンズの焦点の位置に薄板を置いたものをいう。オートコリメータは反射鏡と望遠鏡とを併用して面のうねり（凹凸）を測定する。このオートコリメーションの原理を応用したものがオートコリメータ（auto collimator）で、**図2-5** のように反射鏡を組合せて作り、接眼レンズ E によって測定する。

図 2-5

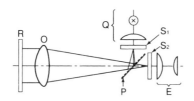

R：反射鏡
O：望遠鏡対物レンズ
S$_1$、S$_2$：ガラス板
P：鏡面

　水準器は角度の測定器具で、原理は液体内に作られた気泡の位置がいつも高いところにあることを利用したものである。水準器は機械類を据付けた際、その面のわずかな傾斜を精密に測定するときに使用する。

　シリンダゲージは主として円筒状の内径を測るために使用される。平面度の計測ではない。

【問題3】機械の点検に関する記述のうち、適切でないものはどれか。

イ　打診法は、打音を聞くことにより、異常の有無を判定する。

ロ　浸透探傷法には、被検査体の表面に着色液を染み込ませ、これを現像液で発色させ、欠陥を見出す方法がある。

ハ　磁粉探傷法は、磁性体には適用できない。

ニ　超音波探傷法には、超音波を被検査体の一面から入射させ、その反射波を観察する方法がある。

【解説3】磁粉探傷法では被検査体を磁化させるので磁性体でなければならない。なお、浸透探傷法は通称カラーチェックと呼んでいる点検法である。

【問題4】 測定器に関する記述のうち、適切でないものはどれか。

イ　マイクロメータは、測定しないときはアンビルとスピンドルの両測定
　　面間は必ず離しておく。

ロ　ノギスによる測定では、できるだけ本尺に近い部分を使って測定する。

ハ　水準器の感度とは、気泡を気泡管に刻まれた1目盛りだけ移動させる
　　のに必要な傾斜をいう。

ニ　てこ式ダイヤルゲージは、狭い場所の測定には適さない。

【解説4】

ロ　ノギスは、機械部品の外側あるいは内側の寸法を2つの測定ジョウ（目
盛尺とバーニャ）によって測定する測定工具である。構造により形式分類
され、JISにはM型（M1型・M2型）、CB型、CM型について規定されて
いる。最大測定長さは 100 〜 1000mm まで種々のものがある。バーニャ
で読み取れる最小目盛りは 0.05 と 0.02 である。

【問題5】 機械構成要素の点検項目に関する記述のうち、適切でないものは
どれか。

イ　天井クレーンの日常点検は、自主点検でありクレーン等安全規則では
　　義務づけられていない。

ロ　配管路内におけるウォーターハンマは、ポンプの起動時・停止時に発
　　生しやすい。

ハ　送風機の異常兆候の発見には、振動診断が大きな威力を発揮する。

ニ　冷却水系の熱交換器は、スケールの付着等による伝熱効率の低下がある。

【解説5】 四肢択一式での解法は、まず何が適切でないか（あるいは適切か）
を真っ先に見つければ、残りの説明文はパスできる。

イ　クレーンの安全規制

ロ　ウォーターハンマはポンプの起動・停止

ハ　送風機の異常兆候の発見としての振動診断

ニ　スケールの付着による伝熱効果の低下

　ロ、ハ、ニは、いずれも正しいと判断できる。残るのは**イ**であって、クレーンの日常点検について安全規則上義務付けられているか、いないかで判断する。

　製造工場では、天井クレーンは大なり小なり稼動しているはずで、しかもこれらには必ず日常点検表がついていて、毎日点検されているはず。このような日常の姿の知識があれば、**イ**が適切でないと答えられる。

【問題6】機械の点検に使用する工具・測定器に関する記述のうち、適切なものはどれか。

イ　電磁流量計は電磁誘導の法則を利用したもので、水の流量を高精度で測定するのに適している。

ロ　テストハンマで、溶接部の亀裂などの異常の有無を確認することはできない。

ハ　水準器の原理は、液体内に作られた気泡の位置がいつも低いところにあることを利用したものである。

ニ　放射温度計は300℃以上の温度測定には適さない。

【解説6】

ロ　亀裂などの異常の有無を確認することができる。

ハ　気泡の位置は低いところではなく、高いところにある。

ニ　放射温度計は、非接触式であるので高温の測定に向いており、測定可能範囲は50〜2000℃である。

　以上から**イ**が正解である。

【問題7】硬さ試験のうち、くぼみ測定をしないものはどれか。

イ　ブリネル硬さ試験

ロ　ショア硬さ試験

ハ　ロックウェル硬さ試験

ニ　ビッカース硬さ試験

【解説7】 ショア硬さ試験は、ダイヤモンド圧子をつけたハンマを一定の高さから試料に落下させ、跳ね上がりの高さを計るため、くぼみは測定しない。

イ　ブリネル硬さ試験は、超硬合金球を試料に一定の圧力と時間をかけて押し込み、試料に生じたくぼみの大きさで硬さを求める。

ハ　ロックウエル硬度計は、鋼球あるいはダイヤモンド圧子を用いて基準荷重を加え、更に試験荷重を加えて出来るくぼみの深さの差で硬さを求める。

ニ　ビッカース硬度計は、四角錐の圧子で、試料の表面にピラミッド型のくぼみを付け、その対角線の長さから面積を計算して硬さを求める。

3. 異常の発見と原因

【問題1】歯車に生じる欠陥の原因に関する記述のうち、適切でないものはどれか。

イ　歯車の滑り方向に現れる細かいかき傷は、潤滑油に混入した細かい異物によるアブレシブ摩耗である。

ロ　スポーリング（歯面から大きな金属片がはく離した現象）は、潤滑油の改善が必要である。

ハ　ピッチングは、繰り返し荷重による応力で発生する。歯当たりの修正及び潤滑油の粘度を上げるとよい。

ニ　スコーリングは、金属同士の接触の結果、融着した微細焼付き部分が引き裂かれることによって生じる。

【解説1】アブレシブ摩耗は、ざらつき摩耗・研摩耗・切削摩耗など、いろいろな名称で呼ばれている。図 3-1、図 3-2 のように硬質粒子や硬い面の剛性突起が柔らかいほうの面にくい込むことによって生じる摩耗をいい、やすりで削り込むような場合を想定すればよい。

図 3-1　アブレシブ摩耗のモデル　　　図 3-2　異物によるアブレシブ摩耗

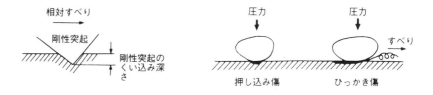

　アブレシブ摩耗対策としては、次のようなものがある。
（1）硬い異物が侵入を防止する。
（2）一方が他方に対して、剛性突起して働くような、著しく表面硬さの差をもつ接触を避ける。
（3）相手材を削れないように、突起の先端を丸くする。すなわち表面粗さを小さくする。
　スポーリングは歯面の過大荷重により表面下組織に過大応力を発生させ、ピッチングの小孔が連結して大きい孔となり、かなりの厚さで金属片がはく離、脱落する現象である。
　ピッチングとフレーキングの要点を説明する。
Ⅰピッチング
現象‥‥‥‥転動面の表面に小さい穴があく。
原因‥‥‥‥転動による疲れが局部的に発生したもの。
対策‥‥‥‥a）潤滑油膜がよく形成されるよう粘度を増加する。
　　　　　　b）異物が混入しないように取り扱いに注意する。
Ⅱフレーキング
現象‥‥‥‥表面が剥がれる。剥がれた後は、はげしい凹凸があり、はく
　　　　　　離ともいう。
原因‥‥‥‥転動による疲れである。過大な荷重、取り扱い不良、取付誤
　　　　　　差ハウジングの歪などの異常荷重が加わると早期に発生する。
対策‥‥‥‥a）負荷容量の大きい軸受を使う。
　　　　　　b）異常荷重が加わっていないかどうか調べる。
　　　　　　c）潤滑油膜がよく形成されるように粘度を増加し、潤滑方
　　　　　　　法を改善する。
　スコーリングは、歯先と歯元にむしり取られたようなかき傷が現れ、傷の周辺には焼けによる変色や融着がみられる。スコーリングの原因は潤滑不良に起因し、油膜切れから金属同士が接触し発熱して融着や引き剥がしが起こるものである。

【問題2】機械の主要構成要素に生じる異常現象に関する記述のうち、適切でないものはどれか。

イ　アブレシブ摩耗は、油膜破断によって起こる摩耗である。

ロ　フレッチングとは、微小振幅の繰返し接触によって生じる摩耗である。

ハ　すべり軸受の摩耗は、材料の疲れとは直接関係はない。

ニ　スミアリングは、焼付きの一種である。

【解説2】

イ　摩耗の形態はいろいろあるが、アブレシブ摩耗は摺動する2面の間にアブレシブな、つまり研摩材のような硬質の粒子が介在するために進行する摩耗である。粗さとは直接関係しない。これを防止するためには潤滑剤供給系統フィルタを見直し、異物混入の防止を計ることが大事である。

ロ　フレッチングとは接触面が赤さび色の摩耗粉を出して摩耗し、くぼみを作る現象のことをいう。その原因として、接触部分に振動荷重が加わったり、小振幅の揺動をしたりすると、潤滑油が押し出され無潤滑状態となって著しい摩耗を生じる。

　　対策として、（1）運搬中は内輪を外輪から取り外しておく。外せないものは軸受に振動荷重が加わらないようにする。（2）低粘度の油を使う。ただし、あまり低すぎても悪影響が出る。軸受の軌道面に限らず、軸受箱ハウジングの接触面にも発生するポテンシャルがある。

ハ　すべり軸受は、一般にメタルという金属材料に油膜を介して軸のジャーナル部分が浮上した状態で使用される。軸とすべり軸受の間に潤滑油があることで、寿命が保証される。このことから摩耗について軸受材料の疲れ、すなわち疲労強度とは直接関係しない。

ニ　スミアリングとは微小な焼付きの場合にできているものであり、この原因には転がり軸受で、転がり運動の中にすべりが混在し、また潤滑剤の性能が不足していることから発生する。この対策としては、すき間を小さくしてすべりを防ぐ、潤滑剤に極圧性を与えるなどがある。

【問題3】 疲労破壊に関する記述中の下線部分のうち、適切でないものはどれか。

　材料に繰返し荷重が連続して働くとき、材料の内部に生じる応力が<u>弾性限界を超えなくても破断することがある。（イ）</u>このような現象を疲労破壊という。荷重を変化させて、繰り返し荷重の試験を行うと、材料が破壊するまでの繰返し回数は<u>生じている応力が小さくなるにつれて多くなる（ロ）</u>が、ある限界応力以下になるといくら繰返し荷重をかけても半永久的に破壊しなくなる。この限界応力を疲れ限界といい、<u>材質が同じならば材料形状に関わらず同じ値になる。（ハ）</u>また、疲労破壊を起した材料の破断面を観察すると、<u>ビーチマークと呼ばれる特徴的な模様が見られる。（ニ）</u>

【解説3】 疲労破損は比較的長期にわたって、徐々に進行する破壊である。負荷が繰返されることによってき裂が進行したり、停滞したりして、そのため特徴ある破断面となる。すなわち、最大せん断応力によって、金属材料中の転位がすべって移動することに始まり、次第にそのすべりが重なり、転位が集積し、その移動が困難となると、ごく小さいき裂の発生が起こる。いったんき裂が生じると、これが拡大され進行する。繰返される引張り応力の下で拡大したり、停滞したり、分離した2つの部分が閉じたり、開いたりするので破面はいわゆるビーチマークを生じ、あたかも波が海岸の砂を洗ったときのような外観を呈する。

　転位というのは、金属結晶内部の線状の欠陥のことで、結晶面のすべった部分とすべらない部分との境界に転位が存在している。なお、疲労破壊の他に金属材料の破壊には、延性破壊、ぜい性破壊、遅れ破壊、クリープ破壊、応力腐食破壊などがある。

　延性破壊は、塑性流れを生じ、わずかな変形をして破壊に至るものをいう。ぜい性破壊は、わずかな塑性変形しか生じないが、突然2つ以上の部分に分離するもので、ガラス、セラミックなどのぜい性材料とよく似ている。

　なお、ディンプル（dimple）とは、延性破壊の破断面に見られる破断面模様で凹み模様が特徴である。リバーパターン（river pattern）は、破断面近くにほとんど塑性変形を伴わない破壊の、ぜい性破壊破面にみられる川の流れに似た模様である。

【問題4】水平方向にワークを移動するエアシリンダのメータアウト型スピードコントローラを、誤ってメータイン型と交換した場合の現象として、適切なものはどれか。

イ　エア圧力を上げなければ動作しなくなった。

ロ　移動速度が不安定になった。

ハ　エアシリンダの戻り動作ができなくなった。

ニ　ストローク終わりの速度が遅くなった。

【解説4】

　メータイン、メータアウト回路を解説する。

メータイン回路

　シリンダの入口前に圧力補償形流量調整弁を取り付けて流量を制御し、シリンダの運行速度を調節する方法である。シリンダの前進方向（正の方向という）の速さを直接制御するので等速運動、例えば研削盤のテーブル送りなどに用いる。

　欠点はポンプからの余分な流量は、圧力制御弁（リリーフバルブ）を通って油タンクへ戻さなければならないので油温上昇が起こる。

　油圧回路図を**図3-3**に示す。

メータアウト回路

　シリンダの出口から流出する油の流量を制御する回路で、シリンダに背圧を与えて急な負荷の変動にもピストンの動きが安定する利点がある。

　ドリル、リーマ、刃物台（旋盤）の回路に用いる。欠点はシリンダに背圧がかかるだけエネルギの損失がメータインより多いことである。

　ポンプからの余分な流量は圧力制御弁（リリーフバルブ）を通って、油タンクへ戻す。油圧回路図を**図3-4**に示す。

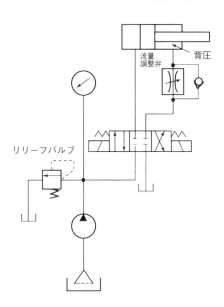

図 3-3　メータイン回路の油圧回路図

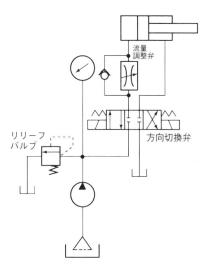

図 3-4　メータアウト回路の油圧回路図

【問題5】 歯車のスコーリングの防止に関する記述のうち、適切でないものはどれか。

イ　低粘度の潤滑油を用いる。

ロ　極圧添加剤入りの潤滑油に換える。

ハ　歯面温度を下げるために冷却効果の大きい潤滑方法を採用する。

ニ　歯面粗度を小さくする。

【解説5】

　スコーリングとは、歯車の歯面が高荷重を受けたとき、摩擦面の潤滑膜が破れ、両面が接触・融着し、再び引き剥がされたことにより生じる、極度な凝着摩耗のことを指している。イギリスではスカッフィングといい、AGMAではアブレシブ摩耗を伴う現象のものも含めてスコーリングと称している。

【問題6】 溶接の欠陥に関する記述のうち、適切でないものはどれか。

イ　溶接表面に小さな穴があく欠陥をブローホールという。

ロ　スラグの巻き込みは、溶解スラグが溶接金属中に残ったものである。

ハ　溶込み不良は、開先角度が大きく、広すぎる場合に発生する。

ニ　アンダカットとは、溶接の端に沿って母材が掘られた状態をいう。

【解説6】 溶接作業の欠陥について、代表的な4例を**図** 3-5 示す。この他の例としてブローホールというのがある。これは溶接作業で溶融金属中にできた空洞のことを意味する。機械的性質や、気密性などが低下する。

　溶込み不良は開先の底部が溶けず、すき間が残っている状態である。開先やすき間の取り方が不適当である。

　スラグの巻き込みは、溶着金属中に不純物の巻き込みや、発生したガスが抜けきらず、内部に巣を生じた状態をいう。アンダカットは母材と溶着金属間に凹みのある状態で、溶接電流過大、母材の温熱などの原因がある。以上のことから、ハが適切でない。

図 3-5　溶接部の欠陥

溶けこみ不良

アンダカット

オーバラップ

スラグ巻込み、気孔

スラグ

気孔

【問題7】歯車の損傷でいうピッチングについて、適切なものはどれか。

イ　潤滑油に混入したかなり細かい異物によって、歯面がすり減っていく損傷である。

ロ　繰返し荷重による応力が材料の疲れ限度を超えたとき、微細な剥離が発生する現象である。

ハ　高荷重のため表面下で材料の疲れが起こり、大きな金属片が表面から脱落する損傷である。

ニ　油膜が切れて金属同士の接触が起こり、歯面が融着しては再び引きはがされるために起こる損傷である。

【解説7】ピッチング（pitting）は、点食ともいわれているように、斑点状に生じる腐食のことをいう。その発生原因は歯車の歯のかみ合いで歯面が高い繰返し応力を受けると、疲れのために局部的に穴があく。

【問題8】腐食に関する記述のうち、適切でないものはどれか。

イ　引張応力を受けるオーステナイト系ステンレス鋼は、高温で塩化物が存在する環境では、応力腐食割れを生じることがある。

ロ　軸受部のはめあいで発生したクリープ現象が繰り返されると、フレッチングコロージョンを起こす。

ハ　腐食性流体が流れる配管のエルボやチーズでは、エロージョンやコロージョンは発生しにくい。

ニ　配管のデッドエンド（行き止まり配管）は内部流体がほとんど流れないが、腐食検査の対象とする。

【解説8】エロージョンとは、機械的に起こる摩耗作用のことで、コロージョンとは、腐食のことである。

　配管中を流れる水のように、腐食環境が流動していると、配管内面をこすることになり、流速が低ければ摩耗は起きないが、流速が高ければ摩耗する。また、流体中に粉体など固体を含む場合には、激しく表面をこすり、機械的摩耗が生じる。

4. 対応措置

【問題1】異常についての対策で、適切でないものはどれか。

イ　ウォータハンマの防止法として、配管中の弁を急速に締めるとよい。

ロ　振動対策には、配管系の場合、伸縮継手や支持具にフレキシブルなものを使う。

ハ　振動を小さくしたいので、転がり軸受の6220を6220 C 2に変更した。

ニ　歯車稼働で、トルクに脈動があったので、歯車のバックラッシュを小さくとった。

【解説1】

イ　油圧あるいは水圧の配管系で、ある圧力のかかった流動する流体を弁によって遮断すると、急激な圧力上昇をともない衝撃音と振動を発する。これをウォータハンマという。これを繰り返すと配管系の破損につながり、防止が必要である。

　　この対策として、

（1）流路を遮断する弁を極力緩やかに閉じる

（2）水撃作用を防止するため管路柱に空気室（エアチャンバ）を設けるなどがある。

ロ　動力を伝達する軸継手の場合は、たわみ軸継手やオルダム軸継手、自在軸継手などによって2軸間の芯のくるいなどを吸収する。ところで配管などのように流体を移送するところでは固定的な配管継手を用いると、地

震などの場合、配管の破壊につながる。これを防止するものとしてゴムなどを利用した可撓性のある配管継手を用いる。(図4-1)

図4-1　フレキシブル継手の例

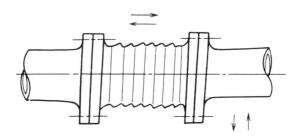

ハ　転がり軸受の呼び番号にある6220 C 2のC 2は、すき間記号を表している。普通すき間の場合は記号なしで、これよりすき間を小さくするときはC 2と指定し、すき間を大きくするときはC 3、C 5と指定する。すなわち、すき間小→すき間大

　　　C 2＜普通＜C 3＜C 4＜C 5

　振動の大小はすき間の大小と直接関係する。問題では振動を小さくしたいということでC 2にすることは効果がある。

【問題2】次の処置のなかで、適切でないものはどれか。

イ　転がり軸受のインナーレースのはめあい面にクリープが発生したので締めしろを大きくした。

ロ　平ベルトのばたつきを減少させるため、アイドラを中間に入れた。

ハ　すきま腐食を防止するには、大きな荷重で面を密着させる。

ニ　軸の摩耗を少なくするため、軸のシール当たり面に取替式スリーブをいれた。

【解説2】

イ　クリープとは、転がり軸受で本来ならば固定されている部分が回転し、鏡面や曇った面になることをいう。内輪回転荷重では内輪のはめ合いの締めしろ不足、外輪回転荷重では外輪のはめ合いの締めしろ不足が原因である。

ロ　平ベルト伝動はベルトとベルト車間の摩擦により動力を伝達するものである。ばたつきを発生する原因は、2つのベルト車の取付け精度（例えば平行度）や大きく離れた軸間距離などによる。これを防止するには中間にアイドラと呼ぶ張り車を入れるとよい。（図4-2、図4-3）

図 4-2　ベルトの伝動

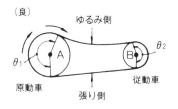

図 4-3　アイドラ

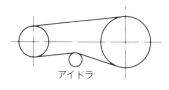

ハ　すき間腐食は金属板の合わせ目、ガスケット面あるいはボルトの下などのような金属表面のすき間部に発生する腐食である。この腐食は接触腐食と呼ぶこともある。すき間部に対しては、液中からの溶存酸素やイオンの供給が不十分なために、その内外で濃淡電池が形成され、すき間部が陽極となって腐食が起こる。この防止には金属面同士の接触を避けるように対策すべきである。

【問題3】歯車のスコーリングの防止に関する記述のうち、適切でないものはどれか。
イ　歯面の温度を下げるために給油量を増やす。
ロ　耐かじり性の大きな表面処理を行う。
ハ　低粘度の潤滑剤を用いる。
ニ　歯面粗度を小さくする。

【解説3】歯車のスコーリング損傷の防止に関する問題である。スコーリングというのは歯面に介在する潤滑油膜がなくなり金属接触となることから起生する損傷である。あたかも、爪で引っ掻いたような損傷が歯面に現れるのが特徴である。したがってその対策としてはイ、ロ、ニなどは妥当である。ハの低粘度の潤滑剤を使用することは、防止等にならない。

【問題4】電磁弁の空気漏れが発生した場合の処置として、適切でないものはどれか。

イ　弁部への異物の噛み込みが考えられるので分解、清掃した。

ロ　シール部の切れ、きずなどが考えられるので分解、交換した。

ハ　高温によるシール部の変形が考えられるので、フッ素ゴムからニトリルゴムに変更した。

ニ　シール部の締め付けがゆるんでいたので増し締した。

【解説4】フッ素ゴムとニトリルゴムの性質について概要を説明しておく。

　フッ素ゴム（略称FR）は、化学的に極めて安定で、ゴムの中で最も耐熱性、耐油性、耐候性、耐オゾン性に優れている。ただし加圧性、耐寒性、ゴム弾性などは不十分である。価格も高い。ところで耐熱性は300℃もある。

　一方、ニトリルゴム（略称NBR）は耐油性ゴムとして広く用いられている。さらに耐摩耗性、耐老化性、耐水性にも優れている。ただし、耐熱性は130℃程度である。脆化しやすく屈曲き裂が生じ易く、オゾンに対する抵抗性がないなどの短性をもつ。

　以上のことから、ハが適切でない。

【問題5】送風機に振動が発生した場合の処置として、誤っているものはどれか。

イ　羽根車のダストのみを取り除いた。

ロ　モータとの心出し調整を行った。

ハ　羽根車の摩耗を点検した。

ニ　軸の曲がりが考えられるので取り外して調査した。

【解説5】本問の場合、記述表現に注目してみると、イについてダストのみを取り除いたとある。つまり、強い意味で限定しているわけで、これが誤りと疑われる。確かに、送風機における振動の要因に羽根車のダストのみというのは誤りであると推測してよい。

　以下、ロ、ハ、ニはいずれも処置としては当然なことであり、正しい処置と判断できる。

【問題６】ポンプに異常な振動が発生した場合の処置として、適切でないものはどれか。

イ　今まで使っていたので流体の変化を調べる必要はない。

ロ　同型の他のポンプの状況を調査した。

ハ　ストレーナを調査した。

ニ　振動測定を行い原因をさらに調査することにした。

【解説６】ポンプに異常振動が発生した場合の推定される事態は、

（１）サクションフィルタの目詰まり

（２）取付部の緩み

（３）カップリングの芯ずれ

（４）内部部品の異常摩耗、焼付き

などがある。ストレーナのチェックは、吸込み側フィルタの指示計で目詰まりなど抵抗状態を確認する。ラインフィルタの目詰まりや抵抗も指示計で調べる。ポンプ起動直後の通油時が効果的である。振動測定はもちろんする。変化を調べる必要がないものは少ないのが普通である。

【問題７】ベルトのトラブル処置に関する記述のうち、適切なものはどれか。

イ　平ベルトにばたつきが発生したが、プーリおよび軸間距離が変えられないので、平ベルトをより厚いものに取り替えた。

ロ　点検の結果、Ｖベルトの亀裂やプーリの摩耗などは見当たらなかったが、プーリ溝の中にＶベルトの上面が沈んでいたので、ベルトを取り替えた。

ハ　ファンを駆動する五条のＶベルト伝動において、ベルトの１本が切れたため、恒久対策として切れた１本だけを強化タイプにした。

ニ　点検の結果、プーリ溝の片面に 1.0mm の摩耗があり、Ｖベルトのみ交換し、そのまま使用を継続した。

【解説７】

イ　平ベルトの交換ではなく、アイドラの使用を検討するべきである。

ハ　多条伝動のベルトにおいて、1本のみを交換すると各ベルトの張力が揃わなくなるので、交換する場合は同種のベルトを一斉に交換することである。

ニ　プーリ溝に摩耗が生じると、Vベルトとの摩擦係数を十分に確保できなくなるので、プーリも交換が必要である。

【問題8】 機械の主要構成要素の異常時における対応処置に関する記述のうち、適切なものはどれか。

イ　転がり軸受の内輪はめあい面にクリープが発生したので、軸とのしめしろを小さくした。

ロ　歯車の伝達トルクに脈動があり、騒音が大きくなったのでバックラッシを大きくした。

ハ　駆動軸に接線キーが用いられていたが、ショック荷重により緩みが生じたため、平行キーに改造した。

ニ　軸受の変位や振動を小さくするため、転がり軸受の6220を、同寸法の6220 C2に変更した。

【解説8】

イ　転がり軸受の内輪はめあい面にクリープが発生した場合は、軸とのしめしろを大きくしなければならない。

ロ　バックラッシが大きすぎると騒音が大きくなったり、衝撃荷重による歯面の疲労が促進されるので、バックラッシを小さくする。

ハ　平行キーは、接線キーよりも衝撃荷重に弱いので間違いである。

　以上から、ニが正確である。

5．潤滑・給油

【問題1】潤滑に関する記述のうち、適切でないものはどれか。

イ　油膜が薄く部分的に2面間がこすれている状態を境界潤滑という。

ロ　2面間に接触が無く潤滑油膜が形成されている状態を流体潤滑という。

ハ　滑り軸受で油膜圧力が軸を押し上げることにより、2面間の接触を防ぐことをくさび効果という。

ニ　潤滑油膜は、温度上昇により厚くなる。

【解説1】潤滑油によってできる油膜は、金属と金属の直接接触を防ぐ働きをする。

　油膜の力は油の化学成分と関係があり、油の活性分子が金属表面の金属分子と結合して、圧力に強い化合物を作り金属表面を分離する。これを油膜と呼ぶ。油膜の強さは、油の表面張力、浸透力、金属との親和力、粘度などに影響される。

　一般に相対運動する2面間に形成される油膜の厚さを油膜厚さといい、普通はすき間内に油が満たされているので、油膜形状はすき間形状と同じになる。表面の凹凸をカバーする十分に厚い膜が安定した潤滑に必要で、これから許容最小膜厚が決められる。

　また、油膜の機械的強さを油膜強度といい、油膜の吸着エネルギーから計算する。油膜強度は、耐荷重能と混同されて用いられることがあるが全く異なるものである。

【問題2】 潤滑油の粘度に関する記述のうち、適切でないものはどれか。

イ　潤滑油の絶対粘度の SI 単位は Pa・s（パスカル秒）、CGS 単位では P（ポアズ）であり、1Pa・s ＝ 10 P である。

ロ　潤滑油の動粘度の SI 単位は mm^2/ s （平方ミリメートル毎秒）、CGS 単位では cSt（センチストークス）であり、1mm^2/ s ＝ 1cSt である。

ハ　工業潤滑油の粘度は、40℃における動粘度の値（粘度範囲の中央値を用いる）で示す。

ニ　油の流動性の論理的尺度は動粘度であるが、密度の差が無視できる場合は代用尺度として絶対粘度を用いることがある。

【解説2】 図 5-1 に示すように、流れに垂直な方向に dy だけ離れた2点A、B間の速度差を dv とすると、流れに平行な面にせん断力 τ（タウ）が生じる。この τ は次の式で表される。

図 5-1　粘度とは

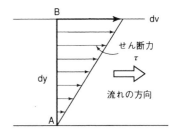

$$\tau = \mu （d y/ d v） \cdots\cdots\cdots\cdots（1）$$
式（1）から、
$$\mu = \tau / （d y/ d v） \cdots\cdots\cdots\cdots（2）$$

この式における比例定数 μ（ミュー）を粘性係数または粘度という。また動粘度と区別するため絶対粘度と呼ぶ。

絶対粘度の単位は、CGS 系単位のポアズ（poise：記号 p）で表すが、実用的にはその 1/100 のセンチポアズ（cp）を使っている。20℃における水の粘度は 1〔cp〕に近く、15℃における菜種油の粘度は 1〔p〕（100〔cp〕）程度である。

流体を扱う場合、実用的には、絶対粘度 μ を使わず、これを密度 ρ（ロー）で除した μ／ρ を使い、これを動粘度（記号 ν：ニュー）と呼んでいる。

$$\nu = \mu／\rho$$

動粘度の単位は〔cm^2/sec〕であり、1〔cm^2/sec〕のストークス（St）という。実用的にはその 1/100 のセンチストークス（cSt）を使う。

【問題3】グリースのちょう度に関する記述で（　①　）～（　④　）に当てはまる語句の組合せのうち、適切なものはどれか。

　ちょう度は、（　①　）を落下させ、グリースへ侵入した深さ（mm）の（　②　）で表される。したがって、ちょう度が（　③　）ということは、グリースが（　④　）ことを示している。

	①	②	③	④
イ	規定三角錐	逆数	小さい	軟らかい
ロ	規定円錐	10倍の数値	大きい	軟らかい
ハ	規定円錐	逆数	大きい	硬い
ニ	規定円錐	1/10の数値	大きい	軟らかい

【解説3】ちょう度や増ちょう剤に関する知識が求められている。

　ちょう度（consistency）とはグリースの見かけの硬さを示す尺度である。

　その原理は、25℃に保たれたグリースに規定された円すいが5秒間でどのくらい貫入したか、その深さをmmの10倍の値で表したものをいう。グリースの最も基本的な尺度となっている。

　ちょう度には硬さの目安として番号が付いており、このちょう度番号はNLGI（米国グリース協会）が分類したものである。JIS K 2220のちょう度番号もこれにしたがっている。

　ちょう度の粘度は基油の粘度とは独立したものであると考えてよい。ちょう度の粘度は増ちょう剤の種類と量に関係し、グリースの性質・性能に及ぼす影響は大きい。増ちょう剤は石けん系と非石けん系があるが、現在流通している増ちょう剤の90％は石けん系である。増ちょう剤は海綿のように繊維がからみあって網の目構造になっているもので、潤滑油の中にコロイド状に分散し半固体状または固体状にする。

【問題4】 潤滑油に関する記述のうち、適切でないものはどれか。

イ 潤滑油の劣化を促進させる主なものとして、金属摩耗紛、微粒子の塵埃、
水の混入や温度上昇などが考えられる。

ロ 潤滑は、その状態により、流体潤滑、境界潤滑、個体潤滑に分類される。

ハ 粘度は潤滑油の流動性を示すもので、粘度が高い油ほど流動性がよく
なる。

ニ 潤滑油はISO粘度分類が用いられ、VGで表示される。

【解説4】 潤滑油の劣化には、次の3つがある。

①基油の劣化

②外的因子による汚染

③添加剤の変質と消耗

　基油（ベースオイル）の劣化は、潤滑油が酸化することをいう。ベース
オイルの主成分は炭化水素であるが、大気中の酸素と化合することによっ
て酸化劣化が進行する。図5-2に潤滑油の酸化構造を示す。

図5-2　潤滑油の酸化構造

　潤滑油は使用中、金属や雰囲気ガス、湿気、熱の影響を受けて酸化が進み、
色は黒褐色となり粘度も上昇して変質する。ついには刺激臭を発し、スラ
ッジを生成する。酸化と汚染とは互いに関連し、酸化物や銅（Cu）などの
金属摩耗紛が触媒作用をして劣化が促進される。外的因子としては、摩耗
粒子、水、各種ガス、砂、ほこり、すす、などがある。

　劣化を防ぐ添加剤には、酸化防止剤、錆止め剤、焼付き防止剤（極圧剤）、
摩耗防止剤（耐摩耗剤）などがある。

　潤滑状態は摩擦形態に対応して、固体潤滑、境界潤滑、流体潤滑に分け
られる。これを潤滑の三態という。

　流体潤滑とは、互いに摺動する金属の二面間に十分な油膜が存在し、完
全に分離されている状態をいう。

　しかし、接触して相対運動をしている固体間の流体膜は、接触荷重を支えることになり、流体がそれだけの圧力をもっていることが必要になる。境界潤滑は油の分子と金属表面とで吸着膜を形成し、金属の直接接触を防止している状態をいう。

　境界潤滑では、極圧添加剤を潤滑油に添加することにより、金属表面に極圧膜を形成し、金属表面を保護することができる。

　潤滑膜はごく薄く、乾燥摩擦とそれほど差がない。

　固体潤滑は流体潤滑と対比される潤滑法ではなく、潤滑性をもつ固体を摩擦面に付与する方法が取られている。

　黒鉛や二硫化モリブデン（MOS$_2$）、ある種のプラスチック等は、流体の潤滑剤を使用しなくてもスムーズに潤滑することができる潤滑性を本来もっている材料で、固体潤滑剤として利用されている。

【問題５】 難燃性作動油に関する記述のうち、適切でないものはどれか。
イ　りん酸エステル系は、アクリル樹脂を侵す。
ロ　水・グリコール系は、使用温度50℃以下が望ましい。
ハ　W／Oエマルション系は、タンク内塗装を行える。
ニ　O／Wエマルション系は、ウレタンゴムの使用は避ける。

【解説５】 水・グリコール系作動油とは、35～60％の水と25～50％のグリコールに、添加剤として増粘剤、防錆剤、耐摩耗剤などを配合した水溶液で、次のような注意点がある。
①粘度は含水量により変化するので、油温は最高60℃以下とし、適時水分を補供する。
②R＆O形作動油より潤滑性が悪い。
③比重が大きいので油圧ポンプの吸込み抵抗が増大しキャビテーションが起こりやすい。
④A、Znなどの金属を腐食することがある。
⑤底流動点のため、－40℃でも凝固しない。
　エマルション潤滑剤は、水に比べて熱伝導が大きいため、冷却効果に優れていることが特徴である。また、難燃性、不燃性でもある。この特徴を

生かして、金属加工液や引火の危険がある油圧機器で使われる。しかし反面、エマルション中の水分により腐食や疲労、細菌による腐敗などのトラブルを引き起こし易いこともある。

油（Oil）に水（Water）を添加するW／Oが油中水滴形、水に油を添加するのがO／Wで水中油滴形である。

O／Wエマルション形作動油の特徴は、

①水圧装置用。

②密封性は十分でない。

③配管の摩擦抵抗、圧力損失は少ない。

④価格が安いこと。

W／Oエマルション形作動油は、油に 35〜40％の水を加え、乳化剤、防錆剤を配合する。浄油の時は戻りホースが油面下に沈んでいることが必要である。

【問題6】作動油に関する記述のうち、適切なものはどれか。

イ　粘度指数が大きいほど、温度に対する粘度の変化が大きい。

ロ　りん酸エステル系作動油には、ニトリルゴムパッキンを使用しても差し支えない。

ハ　作動油の流動点と凝固点の温度は同じである。

ニ　ＮＡＳ汚染度等級には、汚染物質の大きさ及び数を基準にしたものと、汚染物質の重量を基準にしたものとがあるが、いずれも等級番号が小さい程、汚れが少ない。

【解説6】

ロ　りん酸エステル系作動油は、りん酸エステルを主成分とする合成油で、りん酸エステルそのものが耐摩耗添加剤であり、耐摩耗性が良く、高圧用油圧ポンプなど熱源に近い設備で使用されている。したがって NAS 等級は 6〜8 級と厳しく（表5-1）、水分も 0.1％以下という厳しい条件で使用される。特に水分は加水分解を起こしやすく、エロージョンの原因になる。

また粘度指数が低く比重が大きいので、低温でキャビテーションが起こ

り易くなる。さらに、ニトリルゴム、ネオプレンなど一般の耐油性ゴムが使用できないうえ、普通の耐油性塗料では変色あるいははく離することがあるので注意が必要である。

　作動油の流動点、凝固点とは、いずれも作動油の流動性を表す言葉である。油は静止の状態で温度が低くなると、分子が固まって（ちょうど水が氷になるように）固体化する。完全に流動性を失って固体化したときの温度を凝固点といい、この温度より 2.5℃高い温度を流動点といっている。

　寒冷地の場合、戸外にある油圧機器にとって、流動点は重要なポイントになる。JIS K 2269 に流動点試験方法の規定があり、単位は℃で表示する。作動油を選択する場合、最低使用温度より流動点が 10℃以上低いものを選定すれば無難である。

表 5-1　NAS 判定基準

装　置		NAS
油　圧	油圧サーボ系	6 〜 8
	高圧油圧（140kg/cm² 以上）	8 〜 10
	一般油圧	10 〜 12
潤　滑	軸受メタル給油	8 〜 10
	強制給油	13 〜 15
	油　浴	14 〜 18

　汚染度の表示は、サンプルの単位容積中に含まれる粒子の個数（個/100ml）あるいは重量（mg/100ml）で表示される。

　NAS（National Aerospace Standard）、SAE（Society of Automotine Engineers Standard）、MIL（Military Specification）などでは、**表 5-2 〜 5-5** に示す汚染度等級を規定している。

　わが国では、計数法による汚染度等級の表示が主で、重量法による等級表示はほとんど例がない。

表 5-2　NAS 汚染度等級（計数法）

NAS1638. 個 /100 m ℓ

NAS 等級	粒径（μm）				
	5 ～ 15	15 ～ 25	25 ～ 50	50 ～ 100	100 以上
00	125	22	4	1	0
0	250	44	8	2	0
1	500	89	16	3	1
2	1,000	178	32	6	1
3	2,000	356	63	11	2
4	4,000	712	126	22	4
5	8,000	1,425	253	45	8
6	16,000	2,850	506	90	16
7	32,000	5,700	1,012	180	32
8	64,000	11,400	2,025	360	64
9	128,000	2,280	4,050	720	128
10	256,000	45,600	8,100	1,440	256
11	512,000	91,200	16,200	2,880	512
12	1,024,000	182,400	32,400	5,760	1,024

表 5-3　SAE 汚染度等級（計数法）

SAE749D. 個 /100 m ℓ

NAS 等級	粒径（μm）					
	2.5 ～ 5	5 ～ 10	10 ～ 25	25 ～ 50	50 ～ 100	100 以上
0	↑	2,700	670	93	16	1
1		4,600	1,340	210	28	3
2		9,700	2,600	380	56	5
3	Pending	24,000	5,360	780	110	11
4		32,000	10,700	1,510	225	21
5		87,000	21,400	3,130	430	41
6	↓	128,000	42,000	6,500	1,000	92
7-10	Pending	←		Pending		→

表5-4　NAS 汚染度等級（重量法）

NAS1638.mg/100 m ℓ

等級	100	101	102	103	104	105	106	107	108
重量	0.02	0.05	0.10	0.30	0.50	0.70	1.0	2.0	4.0

表5-5　MIL 汚染度等級（重量法）

等級	A	B	C	D	E	F	G	H	I
重量	1.0 以下	1.0 ～ 2.0	2.0 ～ 3.0	3.0 ～ 4.0	4.0 ～ 5.0	5.0 ～ 7.0	7.0 ～ 10.0	10.0 ～ 15.0	15.0 ～ 25.0

【問題7】潤滑の給油方法に関する記述のうち、適切でないものはどれか。

イ　滴下給油は油面の高低・温度変化により、滴下量が変動するので注意を要する。

ロ　灯芯給油は油だまりより油を灯芯の毛細管現象とサイホン作用で滴下するので粘度の高い油には適さない。

ハ　集中給油はポンプ、分配弁、制御装置により適量に給油されるため、集中化、自動化が可能である。

ニ　噴霧給油は圧縮空気で油を霧状にして給油する方法で、冷却作用は小さい。

【解説7】給油方法にはどのようなものがあるのか整理してみる。

　手差し給油とは、油差しで給油する方法で、一般に軽荷重で低速運転のところや間欠運転のところで行われる。しかし油量を一定に保ちにくいこと、給油を忘れたりする恐れがある。

　潤滑方式の基本的な考え方としては、①運転中も給油ができること②目で見る管理ができること③単純な構造であることが必要である。

（1）滴下潤滑

　オイルカップなどの給油器を用いて、絞り穴、ニードル弁などで調節した一定量の油を滴下させ、回転部分のスリンガ作用によってハウジング内を油露で満たして潤滑を行うもの。周速4 ～ 5 m /sec までの軽・中荷重用で行われる。（図5-3）

（2）浸し給油

　軸受部分を油中に浸す方法で、周囲を密閉する必要がある。給油量が多過ぎると、攪拌による摩擦熱で発熱し易くなる。

　主に転がり軸受や縦形水車のスラスト軸受・歯車装置などに用いる。油量は下部転動体の中心付近、**図5-4**の縦の軸の場合は転動体の50～80％が油に浸るのが標準になる。油浴給油ともいう。

（3）灯心潤滑

　油つぼの油を、灯心の毛細管現象を利用して給油する方法で、周速4～5 m /sec までの軽・中荷重用に用いる。灯心で油がろ過されるという特長がある。（**図5-5**）

（4）パッド潤滑

　軸受の荷重のかからない側に油を浸したパッドを設け、毛細管現象によって油を給油する方法（**図5-6**）。この方法は、軸受面を清浄に保て、主として車両の軸受などに用いる。

（5）リング潤滑

　横軸にオイルリングをかけて、その回転により下側の油貯から適量の油を給油する方法で、オイルリング注油ともいう（**図5-7**）。浸し潤滑（油浴給油）を行うことができないすべり面軸受に適した給油法である。リングの油に浸る割合は、直径の1/5～1/8くらいが良く、主として軸径50mm以下で、周速6～7 m /sec くらいまでの中速用によく用いられる。

（6）重力潤滑

　高所に設けた油槽からパイプによって下部に給油する方法。

　給油量は絞り弁によって一定量にすることができる。強制給油と滴下給油の中間的な方法で、周速10～15 m /sec の中・高速用として使われる。

（7）はねかけ給油

　エンジンのクランクや歯車の回転部分によってはね上げられた油の飛沫により油面から離れたピストンやシリンダ、軸受や摺動部に給油する方法（**図5-8**）。飛沫給油ともいう。

図 5-3　滴下潤滑

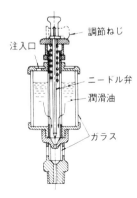

調節ねじ
注入口
ニードル弁
潤滑油
ガラス

図 5-4　浸し潤滑

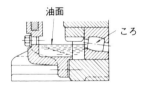

油面
ころ

図 5-5　灯心潤滑

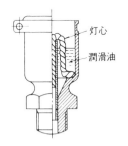

灯心
潤滑油

図 5-6　パッド潤滑

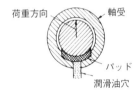

荷重方向
軸受
パッド
潤滑油穴

図 5-7　リング潤滑

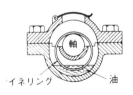

軸
イネリング
油

図 5-8　はねかけ潤滑

油
油スプン

（8）ねじ潤滑

　軸にねじ溝のようにら線状の油溝を切り、その両端に油だまりを設けて軸の回転につれて油を軸方向に供給する方法。小形で高速の軸受（スラスト軸受など）に用いられるが、その構造上から低速では潤滑効果が得られない。

（9）強制潤滑

　自動給油装置は潤滑系に油ポンプを設け、給油を強制的に行う装置である。高速荷重向きで、車両、機関、工作機械の回転軸受部分の摺動面の潤滑に用いられる。

　摩擦面の潤滑作用と同時に冷却作用を行うことができ、油量、油温、油圧の調整を確実に行うことができる。吐出し圧力 $5\,kgf/cm^2$ 程度までの歯車ポンプが多く用いられ、軸受には $1\,kgf/cm^2$ 前後に減圧調整して供給される。

【問題8】潤滑油及び給油に関する記述のうち、適切でないものはどれか。

イ　粘度指数の大きい潤滑油は、粘度指数が小さい潤滑油よりも温度に対する粘度変化が大きい。

ロ　油潤滑とグリース潤滑を比較すると、一般に冷却効果が大きいのは油潤滑である。

ハ　境界潤滑は、潤滑面の油膜が薄くなり油膜を通して局部的に金属接触点が生じる潤滑状態である。

二　固体潤滑剤の一般的性質に、融点が高いこと及び表面への付着力が強いことがある。

【解説8】流体の内部抵抗の元となっている流体の粘性の程度を粘度という。

　潤滑油の粘度は低温で高く高温で低くなるが、この変化の割合を粘度指数（VI）といい、潤滑油の粘度は温度が上昇すると減少する。油潤滑と比較した場合のグリース潤滑の長所は、

①長期の無給脂が可能

②使用量が少なくすむ

③密封軸受化も可能
④密封が単純でグリース自体シール作用がある
などがあげられる。
　短所としては、
①潤滑油に比べ冷却性能がない
②高速に使用できない
③給油量の変更が難しい
　などがあげられる。
　固体潤滑剤には、グラファイト（黒鉛）、二硫化モリブデン、ポリ四フッ化エチレン樹脂（PTFE）などがある。
　固体潤滑剤の一般的性質としては、
①せん断力が小さい
②融点が高い
③熱伝導度が良い
　などがあげられる。

【問題９】潤滑に関する記述のうち、適切なものはどれか。
イ　潤滑は、その状態により、不完全潤滑、境界潤滑、完全潤滑に分類される。
ロ　粘度は接触面の圧力や摩擦抵抗に影響する。
ハ　SAE の粘度分類では、高温の粘度のみを規定する。
ニ　潤滑油膜は、温度上昇により厚くなる。

【解説９】
イ　潤滑は、流体潤滑、境界潤滑、混合潤滑に分類される。潤滑状態は、流体潤滑と境界潤滑に大別される。
ハ　SAE の粘度分類は潤滑油の粘度を定めた規格であり、低温の粘度も測定する。
ニ　潤滑油膜は、温度上昇により粘膜が低下して広がり油膜が薄くなる。

【問題 10】 グリースの特徴に関する記述のうち、適切なものはどれか。

イ　ペースト状の二硫化モリブデン系グリースは、あらかじめ摩擦面に塗布してはいけない。

ロ　カルシウム石鹸基のグリースに酸化鉛を添加したものは、極圧グリースとして使われる。

ハ　耐熱グリースには、高温になるにつれて硬化するものと軟化するものの両方がある。

ニ　リチウム基極圧グリースは、リチウム石鹸にセラミックス粉を添加しているため耐圧・耐熱性に優れる。

【解説 10】

イ　あらかじめ摩擦面に塗布しないと、グリース粘度が高いため摩擦面全体に行きわたらない。

ロ　ウレアベースのグリースに、有機モリブデンや極圧剤などを配合したのが極圧グリースである。

ニ　リチウム基極圧グリースには、セラミックス粉ではなく、油性剤、摩耗防止剤、極圧添加剤などが添加される。

6. 機械工作法

【問題1】はすば歯車やねじれ溝などを切削加工できる工作機械として、適切なものはどれか。

イ　ラジアルボール盤
ロ　マシニングセンタ
ハ　平面研削盤
ニ　形削り盤

【解説1】ラジアルボール盤は、工作物が大きくて、穴あけする位置をいちいち動かして位置を決めることが困難な工作物に対して、ボール盤の主軸の位置をずらして決めようという考え方から作られたボール盤である。しっかりしたコラムを中心に旋回することができるアームがあり、そのアームの上を主軸頭が水平に自由な位置に固定できるような構造になっている。

またアームはコラムを上下自由な位置に固定できるようになっている。作業は穴あけだけでなく、ねじ立て、中ぐり、フライス削りまでできるラジアルボール盤もある。

【問題2】機械工作法に関する記述のうち、適切なものはどれか。

イ　ガス溶接法は、温度の調節が簡単なため、ひずみが少ないので、薄板には適していない。

ロ　熱処理で、加熱温度と冷却時間を調節しても、残留応力は取り除けない。

ハ　鍛造の主な方法には、冷間鍛造と熱間鍛造とがある。

ニ　電気溶接でアンダーカットの原因は、電流が少なく溶接棒の運びが悪いからである。

【解説2】

イ　一般にガス溶接は温度調整が自由で、温度変化の大きい材料に有利で、薄鋼板に適している。

ロ　炉中において、加熱温度と冷却時間を調整し、残留応力を除去する。

ハ　鍛造の主流は熱間であるが、小さな部品では冷間も行える。

ニ　母体と溶着金属間にくぼみのある状態をアンダカットという。溶接電流過大が原因の1つである。

【問題3】ショット・ブラスト法に関する記述のうち、適切でないものはどれか。

イ　表面のスケールなどを取る加工法である。

ロ　金属表面を加工硬化させる加工法である。

ハ　鍛造品、鋳物などの表面仕上げに用いる。

ニ　鋼球を金属表面に吹き付ける加工法である。

【解説3】ショット・ブラスト（shot blast）法とは、鋼粒ショットを吹き付けて金属表面を清浄にする方法をいう。砂に比べ比重や硬度などを変化調整でき、珪肺（けいはい）の心配がないので、一般に鋳物砂落し・錆落し・ペンキはく離などに使われる。

【問題4】 鋳造作業に関する記述のうち、適切でないものはどれか。

イ　鋳造にピンホール状の巣ができる原因には、鋳型の乾燥不足がある。

ロ　金型と砂型では、一般に、金型のほうが鋳肌は滑らかである。

ハ　鋳込み温度の高い順に並べると、①鋳鉄、②鋳鋼、③銅合金の順である。

ニ　押し湯の目的は、凝固の際の収縮による欠陥を防止することである。

【解説4】 鋳込み温度は溶融温度ともいえる。最も高いものの順で①鋳鋼、②鋳鉄、③銅合金である。

【問題5】 ガス容器に充てんされたガスの種類を識別するために塗装された色について、誤っているものはどれか。

イ　酸素は黒色

ロ　二酸化炭素は緑色

ハ　水素は赤色

ニ　アセチレンは灰色

【解説5】 この問題は容器保安規則第40条によって答えられるので、参考として掲載する。この**表6-1**によってニが該当する。すなわちアセチレンは灰色でなく褐色である。

表6-1　ボンベの塗色、文字、色別表（容器保安規則第40条）

ガスの種類	塗　色	名称の文字の色	ガスの性質の文字と色
酸　素	黒	白	
水　素	赤	白	［燃］白
炭　酸	緑	白	
アンモニア	白	赤	［毒］黒　［燃］赤
塩　素	黄	白	［毒］黒
アセチレン	褐色	白	［燃］白
毒　性	ねずみ	白	［毒］黒
可燃性	ねずみ	赤	［燃］赤
可燃性毒性	ねずみ	赤	［燃］赤　［毒］黒
その他	ねずみ	白	

【問題6】溶接の欠陥に関する記述のうち、誤っているものはどれか。

イ　溶接表面に小さな穴があく欠陥をブローホールという。

ロ　スラグの巻き込みは、溶解スラグが溶接金属中に残ったものである。

ハ　溶込み不良は、開先角度が大きく、広すぎる場合に発生する。

ニ　アンダカットとは、溶接の端に沿って母材が掘られた状態をいう。

【解説6】ブローホールとは、溶接中に発生したガスが抜けきれず製品中に残った内部欠陥である。スラグというのは、溶着部に被覆剤によって生じた非金属の物質や融解した金属の表面に浮かぶ酸化物をいう。のろ、からみともいう。溶接におけるアンダカットとは、溶接の際に母材が掘られ、溶着金属が満たされないで、溝となって残っている部分を指す。

【問題7】機械工作法に関する記述のうち、適切でないものはどれか。

イ　鍛造、鋳造及び転造は、塑性加工と呼ばれる。

ロ　ろう付けは、ろうを用いて母材をできるだけ溶融しないで行う溶接法である。

ハ　ロストワックス法で鋳物をつくると精度の高い、鋳肌の美しい複雑な高品質の製品が得られる。

ニ　ダイカストは、耐熱性の鋼製金型にアルミニウム合金などを溶融圧入して鋳造する方法である。

【解説7】ロストワックス法（lost wax process）は、精密鋳造法の1つで、インベストメント鋳造法（investment casting）ともいわれる。複雑形状品、難加工材の鋳造にも活用されるが、低生産性、材料費、工数が多くかかるなどの難点もある。ろう型を砂型中に埋没し、乾燥後にろうを溶かして空洞を造り、その中に金属を注入する。

【問題８】 機械工作法に関する記述のうち、適切でないものはどれか。

イ　放電加工機では、工作物の導電性が必要条件である。

ロ　点溶接（スポット溶接）は、電気抵抗熱を利用した金属接合法である。

ハ　マシニングセンタは、１台の機械で自動的に高い精度でフライス加工、ドリル加工、中ぐり加工などができる。

ニ　万能フライス盤は、一般的に、立型フライス盤よりも重切削に適している。

【解説８】 立型フライス盤はアーバがなく、このために万能フライス盤よりも切削部の剛性が高いため、重切削に適している。

7．非破壊検査法

【問題1】非破壊検査に関する記述のうち、適切なものはどれか。

イ　浸透探傷試験では、非鉄金属の検査はできない。

ロ　超音波探傷試験は、主に材料の表面表層における欠陥検出に適用される。

ハ　放射線浸過試験は、物質にX線又はγ線を照射し、その透過率の相違を利用して内部の欠陥を発見するものである。

ニ　磁粉探傷試験では、深い内部の傷の発見が容易である。

【解説1】浸透探傷試験はカラーチェックと呼ばれ、材質が鉄、非鉄であっても問題なく検査できる。

　超音波探傷試験では、金属材料の深層部の欠陥の検出ができる。磁粉探傷試験は、主として磁性金属の表層部の欠陥の発見ができる。

【問題2】 非破壊検査に関する記述のうち、適切でないものはどれか。

イ　磁気探傷法は、被検体を磁化し欠陥に関する諸情報（欠陥の種類、形状、大きさ等）が磁紛模様が現れることを利用する探傷法である。

ロ　電磁誘導探傷（渦流探傷）法は、導電体の表面に電磁誘導電流を生じさせ、それを利用して表面欠陥を検出する探傷法である。

ハ　磁性体の表面欠陥を検出する磁気探傷試験は、乾式磁紛探傷法と湿式磁紛探傷法とがある。

ニ　オーステナイト系ステンレス鋼の場合、磁気探傷（乾式又は湿式磁紛）法は適用できるが、電磁誘導探傷法は適用できない。

【解説2】 渦流探傷試験は電磁誘導試験とも呼ばれる。通電したコイルを**図7-1** のように金属板に対向させて設置すると、電磁誘導作用によって金属板に交流（渦流）が誘発される。このとき、金属板の表面もしくは表面付近に欠陥があると渦流の発生状態が変化するので、その変化もつかまえて欠陥の有無を判断する。表層部の傷の検出、材質の判別にも適用できる。試験結果から直接的に傷の種類を判別することは困難である。

図7-1　うず電流の発生

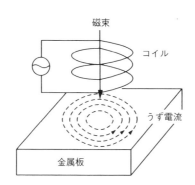

　うず電流を発生させることから、試験体は動電体である事が必要である。したがって、鉄鋼やニッケルなどの強磁性体や、銅やアルミニウムなどの非磁性体にも適用できる。非動電体（絶縁体）であるポリエチレンやポリプロピレン、塩化ビニル樹脂、セラミックスなどには適用できない。

　オーステナイトステンレス鋼は、18-8 ステンレス鋼（クロム Cr18％、ニッケル Ni 8 ％）に代表される鋼で、熱処理しても硬化せず、加工性もよく、非磁性である。

【問題3】 非破壊検査に関する記述のうち、適切でないものはどれか。

イ　浸透探傷試験は、浸透液がキズに浸透するのを利用してキズを明瞭に視覚化する探傷法である。

ロ　超音波探傷試験において、探触子を当てる面を探傷面というが、探傷面から見たときの欠陥の位置、種類、形状、大きさ等に応じて、垂直式と斜角式のどちらが効果的かが定まる。

ハ　放射線探傷試験において、X線はγ線より波長が短く透過力が強い。

ニ　浸透探傷試験は、蛍光式と染色式とがある。

【解説3】 放射線透過試験用として使用される放射線はX線、γ線および中性子線である。放射線にはα線、β線や中性子線などの粒子線と、電磁波であるγ線とX線などがある。

　放射線は、エネルギーをもった電磁波（γ線とX線）の粒子の流れ（α線、β線や中性子線）で物質を突き抜ける性質がある。X線は可視光線に比べて短い波長の電磁波である。放射線が物質を突き抜ける能力を透過力といい、同じ放射線であればエネルギーの高いものほど透過力が強い、透過力の比較をするとα線も低く、β線、γ線と高くなる。

【問題4】 非破壊検査に関する記述のうち、適切でないものはどれか。

イ　電磁誘導探傷試験は、磁性を有しない導電体でも適用できる。

ロ　浸透探傷試験は、磁性や導電性のない材料でも適用できる。

ハ　磁粉探傷試験は、被検体を磁化し欠陥の漏洩磁束によって生ずる磁粉模様にて探傷する。

ニ　超音波探傷試験は、表面欠陥の探傷に優れている。

【解説4】浸透探傷試験（カラーチェック）は、試験材の表面に開口しているクラックや傷に浸透液を浸透させ、洗浄処理後に現像剤により吸い出し、クラックや傷に拡大した像の指示模様を作り、目に見え易くして調べる方法である。

この方法には、浸透液に赤色などの色を付けたものを使用する染色浸透法と、液に蛍光剤を混入し、試験後紫外線で観察する蛍光浸透試験法がある。

図7-2に浸透探傷試験の原理を示す。

図7-2　浸透探傷法

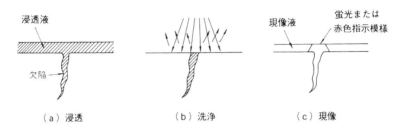

（a）浸透　　　　　　（b）洗浄　　　　　　（c）現像

浸透探傷法の留意点は、現像処理後の染色濃度が欠陥の深さに比例しないことである。それは欠陥から吸い出された液の指示色調や濃度は、その試験における浸透液を浸透させる処理、その後の洗浄処理および現像処理の違いによって変わるもので、欠陥の深さや大きさに比例はしない。また、浸透液の浸透時間は、試験体の温度によって考慮する必要がある。

洗浄剤は、洗浄後錆を発生しやすく、毒性があるので取扱いにはよく注意する。

浸透探傷法は、原理および検出方法は比較的簡単であるが、表面欠陥の検出しかできない。

また、表示模様の判定には熟練が必要となる。

【問題5】非破壊検査に関する記述のうち、適切なものはどれか。

イ　アコースティック・エミッション法は、稼働中の設備を分解しないで検査できる。

ロ　エリクセン試験は、非破壊検査法の一種である。

ハ　超音波探傷試験は、主に材料の表面表層における欠陥検出に適用される。

ニ　黄銅棒の表面割れや巣の検出には、磁粉探傷法がよい。

【解説5】

イ　アコーステック・エミッション（AE：Acoustic Emission）とは、個体が変形あるいは破壊するときに音が出る現象を意味する。一般に金属構造物に外力が加わると、はじめは弾性変形し荷重が増すと塑性変形域に入る。この時部材には極めて微細な割れが発生する。

　このときに弾性波として、超音波が発生、放射される。これをあらかじめAEセンサでキャッチし、き裂進行の有無を診断する。これをAE法という。

ロ　エリクセン試験とは、押出加工金属薄板の加工法を試験する方法である。ダイスとシワおさえとの間に試験薄板を挟み、球をもったポンチを押し込み、破れを生じるまでポンチの押し込まれる深さをもって判断する。

　なお、衝撃値を求めるには、シャルビー試験機やアイゾット試験機によって行う。

ハ　超音波探傷試験は超音波を試験物の一面から入射させ、他の端や内部の欠陥からの反射波をとらえて増幅し、オシロスコープなどで、反射波を観察する方法である。試験物の大きさや形状が左右されずに検査できる利点があり、材料内部の欠陥を知ることができる。

ニ　磁紛探傷法が適用できる材料は銅や鋳鉄など強磁性体でなければならない。黄銅などの非磁性体には使えない。磁紛探傷の原理は被試験材を磁化すると、欠陥部分の近くでは磁界が歪み、この部分に鉄粉などの強磁性体粉末を振りかけると割れなどがあるとき、その欠陥が明らかになる。なお、試験後脱磁が必要である。

【問題6】非破壊検査に関する記述のうち、適切でないものはどれか。

イ　非破壊検査には、品物の内部欠陥を調べることができる。

ロ　非破壊検査とは、材料又は製品の材質や形状寸法に変化を与えないで、その健全性を調べる方法である。

ハ　非破壊検査には、品物のひずみを調べることができる。

ニ　ＨＳ（ショア硬さ試験）は、鋼球の跳ね返りの強さで測定するので非破壊検査に含まれる。

【解説6】ショア硬さ試験は、鋼製のハンマを一定の高さから被測定物の表面に落下させ、その跳ね上がりの高さで硬さを表すもので、被測定物の表面には傷をつけない。ショア硬さ試験機には、目測形と指示形があり、図7-3（a）（b）に示す。

図7-3　ショア硬さ試験機

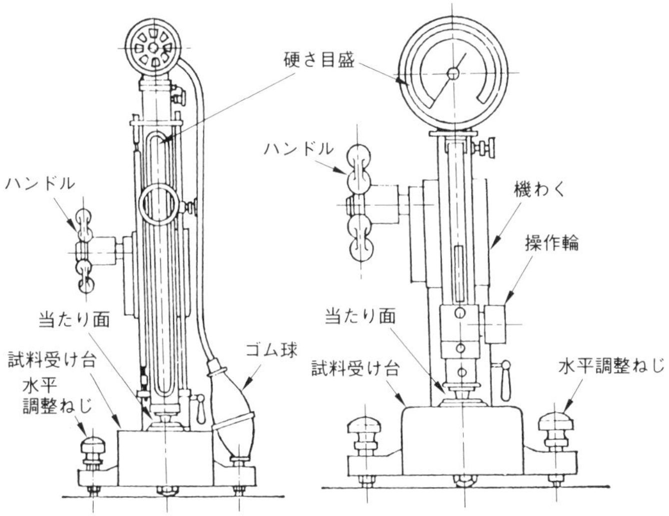

（a）目測形　　　　　　　　（b）指示形

【問題７】非破壊検査に関する記述のうち、適切でないものはどれか。

イ　浸透探傷試験は、内部きずの発見に有効である。

ロ　磁粉探傷試験は、非磁性体には適応できない。

ハ　渦流探傷試験は、溶接部表層の割れやピンホールの検出に用いられる。

ニ　超音波探傷試験は、溶接部内部の融合不良やスラグの巻込みを検出できる。

【解説７】浸透探傷試験は、材料のクラックや欠陥などを発見するもので、被測定体の表面に浸透液を塗り、内部の欠陥に浸透させ、現像剤で浸透液を吸出し表面に欠陥模様を浮かび上がらせるものである。検出の原理から、表面に開口している傷のみ検出できる。たとえ表面直下でも開口していないものは検出できない。

【問題８】非破壊検査に関する記述のうち、適切なものはどれか。

イ　被検査物の材質や形状寸法に変化を与えずに被検査物の健全性を調べる方法である。

ロ　品物の内部欠陥を調べることができない。

ハ　橋梁やビルなどの構造物には適用できない。

ニ　機械設備で製造された製品の寸法・形状などの品質管理のために行う。

【解説８】

ロ　超音波探傷検査や放射線透過検査で品物の内部欠陥を調べることができる。

ハ　超音波探傷検査や浸透探傷試験が橋梁やビルなどの構造物に適用されている。

ニ　寸法・形状などの検査でなく、内部傷などの危険性因子の発見のための検査である。品質管理のために行う。

8. 油圧・空気圧

【問題1】下図の回路において、シリンダの推力値として、最も近いものを選びなさい。

　　ただし、圧力 P_1：6MPa、ピストン径：50mm、ロッド径：22mm とする。なお、パッキン、配管等のエネルギー損失は無いものとする。

イ　2,600 N
ロ　9,600 N
ハ　11,800 N
ニ　30,000 N

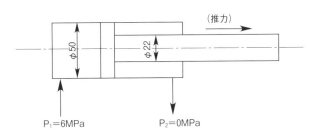

【解説1】ピストン径：D cm、ロッド径：d cm とすると、

$$推力 = \frac{\pi}{4} \cdot D^2 \cdot P_1$$

で求められる。

本問では、D = 5cm、d = 2.2cm、P_1 = 6MPa

$$\therefore \quad 推力 = \frac{\pi}{4} \cdot 5^2 \cdot 6$$

$$= 117.71 \times 100 \text{（N）} \qquad N はニュートン$$

　答　11.771N を得る。

　ハが正解である。

【問題2】油圧基本回路に関する記述のうち、誤っているものはどれか。

イ　同期回路は、流量制限に関する回路である。

ロ　アキュムレータは、圧力保持、補助動力源、圧力緩衝などの用途に用いる。

ハ　背圧回路とは、アクチュエータに一定の背圧を与え、自走を防止するのに用いられる回路である。

ニ　無負荷回路とは、油圧モータの空転を抑え、早く停止させる回路である。

【解説2】

イ　同期回路は同調回路ともいい、複数のシリンダや油圧モータを同時に、同速で作動させたい場合の回路である。2つ以上のシリンダを同調運動させるものと、シリンダ回路を直列に結合して行うものの2つがある。

　無負荷回路はアクチュエータが仕事をしていない場合に油圧ポンプを無負荷にして動力損失を少なくして油温の上昇を防ぐためのものである。

　代表例を図8-1に示す。油圧装置が仕事をしていないとき、弁を切り換え、全量タンクへ逃がす方式である。

図8-1　2位置切換え弁を用いた無負荷回路

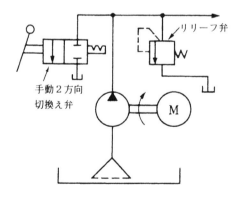

【問題3】文中の（　　　）内に当てはまる組合わせとして、適切なものは
どれか。

　下図は（　①　）回路で、シリンダへの（　②　）で速度制御する回路
をいい、作動中に負荷が急激に（　③　）場合や、シリンダが急加速され
ることを防止する場合に使用し、絞り弁を絞ると速度は（　④　）なる。

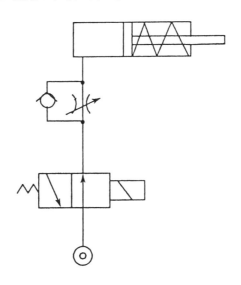

	①	②	③	④
イ	メータイン	流入量調節	減少する	遅く
ロ	メータイン	流入量調節	増加する	速く
ハ	メータアウト	流出量調節	減少する	速く
ニ	メータアウト	流出量調節	増加する	遅く

【解説3】この問題を考えるのに必要な回路はメータイン回路とメータアウ
ト回路である。両回路を図8-2（a）（b）に示す。

図 8-2（a） メータイン回路

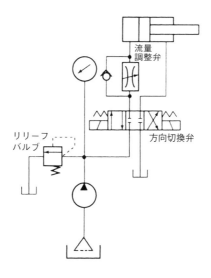

図 8-2（b） メータアウト回路

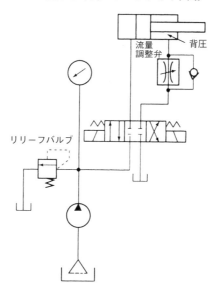

【問題4】 下図のうち、メータアウト回路を選びなさい。

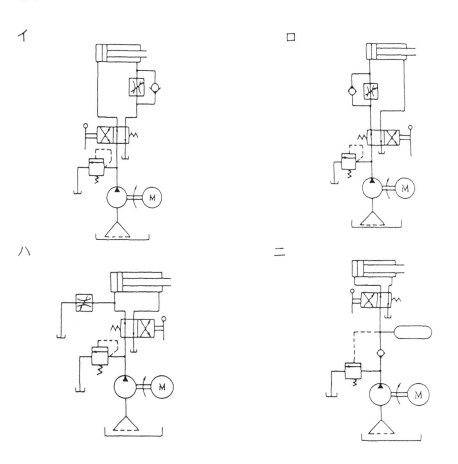

【解説4】 図8-3の①、②、③を比較してみると、頭にアクチュエータ、下にタンクの記号があり、それを結んだ回路がある。さて流量制御弁はどこにあるか。①のメータイン回路ではシリンダの入口側にあり、②のメータアウト回路ではシリンダの出口側にある。③のブリードオフ回路では、流量制御弁が横になったように書かれていて、つまりシリンダと並列に付いている。

図 8-3　速度制御の油圧回路の種類

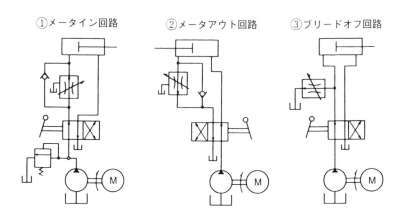

①メータイン回路　　　②メータアウト回路　　　③ブリードオフ回路

【問題5】油圧装置に使用するアキュムレータに関する記述のうち、適切でないものはどれか。

イ　サージ圧力を吸収する場合に適している。

ロ　気体圧縮式が、主に用いられている。

ハ　エネルギー蓄積を目的とする場合、封入ガス圧力は、最低作動圧力の30〜40%が適している。

ニ　必要なときに、蓄積した油圧を油圧回路に送り出して使用するものである。

【解説5】アキュムレータは、油圧油の圧力エネルギーを蓄積する容器であり、間欠的・短時間に大流量を必要とする負荷に対し油を放出する。

　また、長時間加圧保持を必要とする回路において、回路内の漏れ量補充用、停電時等における短時間の動力源として使用される。さらに、管路系に発生するサージ圧力の吸収、脈動の除去にも用いられている。

　アキュムレータを構造によって分類すると**図 8-4** のようになる。

図8-4　アキュムレータの種類

　ガス圧縮形は、ピストン形、プラダ形、ダイヤフラム形がありこの中で最も多く使用されているのがプラダ形である。プラダ形の構造は、鋼製円筒形容器の両端にガス封入弁と油用弁とを装着し、内部にプラダの一端をガス封入弁と固定した状態で内包している。

【問題6】油圧ポンプに関する記述のうち、適切でないものはどれか。
イ　ベーンポンプ、ギヤポンプ、ピストンポンプのうち、最も高圧が出せるのはピストンポンプである。
ロ　可変容量形ベーンポンプは、カムリングの偏心量を変えることで吐出量を変える。
ハ　ベーンポンプ、ギヤポンプ、ピストンポンプのうち、脈動率が最も低いのはギヤポンプである。
ニ　ギヤポンプは、ベーンポンプよりも部品点数が少ない。

【解説6】ベーンポンプは比較的耐用時間が長く、脈動および騒音が小さいことから、工作機械、射出成形機をはじめ設備機械に多く用いられている。ギヤポンプはベーンポンプに比べて吐出圧の脈動、騒音が大きく、耐用時間は少ないが、小形、軽量という長所があり、また過酷な運転に対しても耐久力が大きいので、建設機械や荷役機械などに多く用いられている。
　ピストンポンプは、ベーン、歯車に比べて吐出圧の脈動も騒音も大きいが、高圧使用に適しており、効率もよい。大きな出力も要求される鍛圧機械、船舶荷役機械、特殊車輌等に使われている。図8-5に油圧ポンプの分類を示す。

図8-5　油圧ポンプの分類

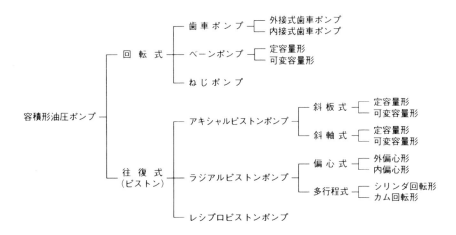

【問題7】油圧ポンプの異常に関する記述のうち、適切でないものはどれか。

イ　異常騒音の原因の一つに、継手（ポンプとモータ間）の芯ずれが考えられる。

ロ　異常騒音の原因の一つに、吸い込み管路からの空気の侵入が考えられる。

ハ　吐出量減少の原因の一つに、作動油の粘度の低下が考えられる。

ニ　異常騒音の原因の一つに、管路用（吐出側）フィルタの目詰まりが考えられる。

【解説7】ポンプの異常は、アクチュエータの作動が遅くなる、動かない、音が高くなったなどで知ることができる。正常に作動している時の音を確認しておくと、音色が変わったときに異常の発生した可能性を察知することができる。

　油圧ポンプの異常現象の原因と処置を**表8-1**に示す。

表 8-1　ポンプの異常現象の原因と処置

現　象	原　因	処　置
異常音	サクションフィルタの目詰まり、吸込管の詰まり	サクションフィルタエレメントの交換、吸込管の清掃
	ポンプと吸込管の結合部から空気を吸込む	パッキンの交換
	作動油の粘度が高い	油温を確認し、低い場合はヒータで油温を上げる
	ポンプとモータシャフトの芯出し不良	芯ずれを直す
	油中に気泡がある油量が不足	戻り管が油中にあるか確認給油
油漏れ	フランジ、継手の緩み	増締めをする
	シールの破損	Ｏリング、パッキン、オイルシールの交換
	シールの装着不良	Ｏリング、パッキンの装着不良
	ケーシングの破損	ポンプの交換
圧力上昇	ポンプ設定圧力の不良	設定し直し
圧力低下	ポンプの破損	ポンプの交換
油温上昇	ドレン量の増加、内部リーク量の増大	ポンプの交換
油を吐出しない	回転方向が逆	回転方向銘板で方向を確認逆の場合は変更する
	油量が不足	油面計で油量を確認
	ストップ弁が閉じている	ストップ弁を開ける
	吸込系統の容積が大きい	吐出側から空気を抜きつつポンプを回転させ油を吸込ます
	ポンプシャフトの回転が遅い	カタログの最低回転数以上にする
	ポンプ、モータの破損カップリングの破損	ポンプの交換カップリングの交換
吐出量の減少	ポンプの摩耗、内部リークの増大流量設定ねじの緩み	ポンプの交換、あるいはポンプ内臓部品の交換ロックナットして閉める

【問題8】油圧シリンダの速度が遅くなったときに、確認が不要なものはどれか。

イ　圧力が適切か、圧力ゲージを確認する。

ロ　オイルの温度が正常域か、温度計を確認する。

ハ　オイルの量が正常か、オイルゲージを確認する。

ニ　方向制御弁が正常か、確認する。

【解説8】シリンダの伸び、縮みの動作がスムーズかどうかを目で確かめ、動きに異常があるときは、ピストン部のシール破損、シリンダ内部の摺動抵抗の増大（異物かみ込みなど）、負荷系の異常、回路の各機器の異常などのトラブルが予想される。表8-2に油圧シリンダの点検方法を示す。

表8-2　油圧シリンダの点検方法

点検項目	点検周期の目安	点検方法	予想されるトラブル
油漏れの有無	1/1ヵ月	ロッド部の油漏れを目で確認する	・ロッドシールの破損 ・ロッドの傷
各部のネジの緩み	1/3ヵ月	配管ポート部、シリンダの取付け部、ロッドと負荷の取付け部などのネジの緩みをスパナなどで増締め方向で確認する	・適正なトルクで締め付けられていない ・異常な振動が加わっている
作動油の汚染度	1/3ヵ月	作動油の汚染度を測定する	・作動油の劣化 ・各機器の異常摩耗 ・油タンクへの外部からのゴミの侵入 ・フィルタの破損

【問題9】油圧機器に関する記述のうち、適切でないものはどれか。

イ　アキュムレータに使用するガスは、一般的には窒素ガスである。

ロ　可変容量形ベーンポンプは、カムリングの偏心量を変えることにより、吐出量を変化させる。

ハ　カウンタバランス弁は、複数のシリンダを同調（作動速度を合わせる）させるときに使用する。

ニ　減圧弁は、油圧回路の一部を主回路より低い圧力で使用するときに用いる。

【解説9】カウンタバランス弁は、チェック弁付シーケンス弁と全く同じ弁の構造である。ドレーンのみを、カウンタバランス弁の場合は内部ドレーンで、シーケンス弁の場合は外部ドレーンである。その理由は、カウンタバランス弁は作動状態において2次出口側に、圧力を生じない使い方なので、あえて外部ドレーンにする必要はないからである。

　シーケンス弁の場合は、シーケンス弁が作動状態において2次出口側に圧力が生じるような使用方法であるため、内部ドレーン方式にすると2次側圧力がスプール弁に働いて、シーケンス弁の設定圧を変化させるので、外部ドレーン方式となるわけである。

【問題10】油圧機器に関する記述のうち、適切でないものはどれか。
イ　アンロード弁は、設定圧力以上になると自動的に圧油をタンクに戻す。
ロ　ギヤポンプは、ベーンポンプよりも部品点数が少ない。
ハ　パイロット型リリーフ弁は、直動型リリーフ弁より圧力制御精度が低い。
ニ　方向制御弁の操作方法による分類には、電磁操作・機械操作・手動操作がある。

【解説10】アンロード弁は油圧システム内の圧力を一定範囲に維持し、圧力が所定の値になれば、ポンプからタンクへ還流してポンプを無負荷にするための弁である。

　直動形リリーフ弁は、油圧が上昇して油圧による弁の押上げ力がポペットを浮き上がらせ、ばね力よりも大きくなると、すき間から圧油を逃がしメイン回路の圧力を一定に保つ。圧力が下がると、ポペットとシート面は閉ざされ油を逃さない形に戻る。したがってポペットが少し浮き上がり油が流れ始めたときの圧力（クッキング圧力）と、設定圧力に差が生じる。またオーバーライドが大きい、チャタリングを起し易いなどの問題があるため、安全弁や小容量のリリーフ弁として用いられることが多い。（図8-6）

図8-6　直動形リリーフ弁

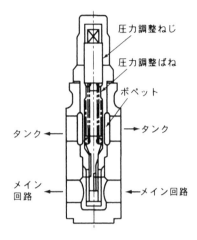

【問題11】油圧・空気圧機器に関する記述のうち、適切でないものはどれか。

イ　交流電磁弁のスプールの切換速度は、直流電磁弁のスプールの切換速度よりも速い。

ロ　チェック弁のクラッキング圧力は、ばね力をシート受圧面積で割った値で表す。

ハ　アキュムレータに充てんするガスは、一般に、窒素ガスが使用される。

ニ　定容量形ポンプは、回転数に関係なく吐出し量が一定である。

【解説11】

イ　交流と直流の電磁弁でそのスプールの切換速度は、交流電磁弁で15〜25m/sec、直流電磁弁では30〜70m/secで比較的ゆっくりと切り換わる。

ロ　チェック弁のクラッキング圧力は、ばね力をシート受圧面積で割った値で示される。この値の大きさにより、チェック弁の使用範囲が決められる。

ハ　アキュムレータは蓄圧器ともいい、油圧回路でサージ圧力を吸収したり、回路中の脈動を減衰させるなどの機能をもっている。

封入されるガスは窒素ガスを通常用いる。(図8-7)

ニ　ポンプには定容量型と可変容量型がある。定容量型であっても、回転数が大きくなければ定時間での吐出量は比例して増加する。

　したがってニの説明は適切でない。

図8-7　アキュムレータの種類

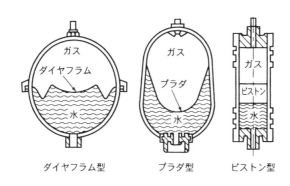

ダイヤフラム型　　　　ブラダ型　　　　ピストン型

【問題12】油圧機器でのアキュムレータに関する記述のうち、適切でないものはどれか。

イ　アキュムレータの型式は3つある。

ロ　アキュムレータは、圧力を開放する機能をもち、この機能を利用し、ポンプの代用をさせる。

ハ　アキュムレータに充てんするガスは、一般的に窒素ガスである。

ニ　アキュムレータを使用する目的は、大きな脈動(圧力変動)を吸収する。

【解説12】

イ　アキュムレータには、図8-7のように3つの型式がある。

ロ　アキュムレータは蓄圧機能があり、管内の流体の脈動を吸収する。

ハ　蓄圧には窒素ガスを利用している。

ニ　大きな脈動(圧力変動)を吸収する。

【問題13】油圧ホースの取付け方のうち、適切なものはどれか。

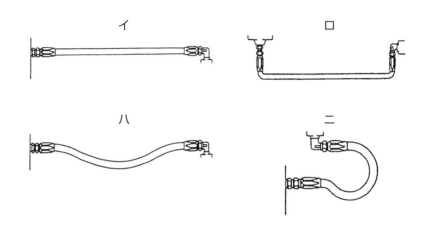

【解説13】ホースを直線で接続し、使用する場合加圧によりたるませて取付けるようにする。ハが適切である。

【問題14】配管等に関する記述のうち、適切なものはどれか。

イ　風量が息をつき圧力が脈動して騒音や振動を発生することをウォータハンマという。

ロ　ポンプ内の流れに局部的な真空を生じ、水が気化して気泡が発生することをサージングという。

ハ　管内の圧力が過渡期に変動する現象をキャビテーションという。

ニ　粒子の衝突により、材料が変形したり徐々にはく離する現象をエロージョンという。

【解説14】

イ　ウォータハンマとは、管内に充満して流れている水の速度を急変させたときに生じる圧力の変化、あるいは圧力波をいう。風量は関係ない。

ロ　サージングとは、運転中、油圧ポンプで流量を絞ったとき、流量・圧

力および回転速度が周期的に変動し、脈動を起こす現象をいう。

ハ　キャビテーションとは、減圧によって液体中に空洞（キャビティ）が現れる現象である。流体潤滑では、広がりくさび部が負圧になり気泡が発生して空洞を作る場合と、逆流によって周囲から空気を引き込んで空洞を作る場合があるが、後者をキャビテーションと呼んでいる。

ニ　エロージョンとは、キャビテーションや液体・固体の粒子の衝突によって、材料が損傷することをいう。金属材料においてエロージョンと電気化学的腐食（コロージョン）が同時に発生することをエロージョン・コロージョンといい、ここでは腐食が加速する。

【問題15】油圧装置に関する記述のうち、適切でないものはどれか。

イ　ゴムホースがねじれて取り付けてあった場合、油漏れや金具離脱の原因になるから修正の必要がある。

ロ　長期間保管された弁（バルブ）は、腐食や汚れを調べ、弾性の弱ったパッキンは交換する必要がある。

ハ　エロージョン現象は、スラリーを輸送する配管に多く発生する。

ニ　水・グリコール系作動油は、アルミニウム製装置に対して適している。

【解説15】水－グリコール系作動液は、グリコールにポリマ、防錆剤・消泡剤などが加えられたアルカリ価の高い原液に約40％の水を加えて作られる。金属が腐食し易いのが欠点である。

【問題16】作動油に関する記述のうち、適切でないものはどれか。

イ　温度変化による粘度変化が少ないものほど粘度指数が大きい。

ロ　汚染測定法にはNAS等級がある。

ハ　リン酸エステル系には、主としてニトリルゴムのパッキンが使用される。

ニ　流動点と凝固点の温度は同じではない。

【解説16】潤滑油の粘度は低温で高く高温で低くなる。この変化の割合を「粘度指数」（VI）と呼び、その求め方はASTM（アメリカ材料試験協会規格）に規定されている。すなわち、粘度変化の小さいペンシルベニア産油を100とし、粘度変化の大きいガルフコースト産油を0として式が定められている。また式を使わないでも、**図**8-8のASTM粘度−温度図を使って37.8℃（100°F）と98.9℃（210°）の2点における粘度を直線で結べば、他の温度における粘度がグラフから簡単に知ることができる。

図8-8　ASTM粘度−温度図

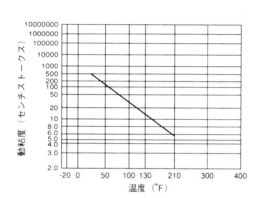

【問題17】油圧装置に関する記述のうち、適切でないものはどれか。

イ　作動油は、体積で5～6%程度の空気が溶解、混入している。

ロ　油圧装置のフラッシングは、工事終了時のみ行えばよい。

ハ　りん酸エステル系作動油は、粘度変化が大きいため15℃以下の運転を避ける必要がある。

ニ　くい込み式継手は、フレア式とフレアレス式があり、フレアレス式はエルメント形が多く使用されている。

【解説17】

ロ　フラッシングとは、フラッシング油を長時間循環させることにより、装置内のゴミやスラッジを除去したのち、新しい作動油を充てんするための洗浄操作のことである。工事終了後にもゴミが入り込むこともある。

ハ　りん酸エステル系は、含水系に比較して性状変化が少ないが、粘度指数が低く多少の毒性を有している。しかも、特殊ゴム製のパッキン類、ゴムホースならびに、特殊塗料を用いなければならず、しかも高価である。熱に対しては比較的安定性があり、石油系作動油に比較して高価である。

【問題18】 油圧・空気圧機器に関する記述のうち、適切でないものはどれか。

イ　直流ソレノイド切換弁は、異物などの混入でスプールの動きが阻止されると、ソレノイドの焼損を起こしやすい。

ロ　逆止め弁のクラッキング圧力は、ばね力をシート受圧面積で割った値で表す。

ハ　直動型リリーフ弁は、オーバーライド特性が悪い。

ニ　単動シリンダの片側には、スプリングが入っている。

【解説18】

イ　直流ソレノイドの場合は、コイルに流れる電流はコイルの巻線抵抗のみによって決まるため、通常コイルの焼損は起さない。

【問題19】 空気圧機器に関する記述のうち、適切でないものはどれか。

イ　速度制御弁は、逆止め弁と絞り弁を組み合わせた流量制御弁である。

ロ　複動シリンダの電磁弁としては、3ポート型が最も使用される。

ハ　空気圧調整ユニット（3点セット）は、入口側からエアフィルタ、レギュレータ、ルブリケータの順に並んでいる。

ニ　空気タンクは、急速な空気圧の低下を防ぐ。

【解説19】

ハ　空気圧調整ユニットは3点セットとも呼び、空気入口から出口までの機器の配置は、フィルタ→圧力調整弁→給油量（ルブリケータ）である。これは、空気圧機器の大事なポイントである。

【問題 20】空気圧回路において、誤っているものはどれか。

イ　空気圧駆動が油圧駆動より優れている点の一つとして、高速作動ができることである。

ロ　空気圧モータのトルクは空気流入量に比例する。

ハ　管内の異物及びドレン除去のため、エアフィルタはできるだけ空気圧機器の近くに取り付ける。

ニ　油圧装置と違い空気圧回路では、戻り配管は不要である。

【解説 20】表 8-3 に空気圧、油圧、電動各方式の性能比較表を参考として示す。

表 8-3　空気圧、油圧、電動各方式の一般的性能比較表

特性項目	空気圧方式	油圧方式	電動方式
操作力	あまり大きな操作力は出せない。	大きな操作力が得られる。	中から小までの操作力が得られる。
速応性	低　速	高　速	中　速
大きさ・重量	油圧と比較して劣る。	出力／（大きさ・重量）比を高くできる。	広範囲のサイズが得られる。
制御性	比較的高精度の位置決めは難しい。	高剛性であるため高精度位置決め可。	速度、位置、トルクなどの制御ができる。
安全性	過負荷に最も強い。	過負荷に強い。	過負荷に弱い。
使いやすさ	油圧より容易。	フィルター管理に注意を要す。	周辺機器が充実。
寿命	油圧、電動に比べて劣る。	油に潤滑性があるため、寿命が長い。	長寿命化を目指す。
コスト（イニシャル、ランニングを合わせたコスト）	安　い	高　い	普　通
出力	5000N（≒ 500kgf）以下	1000N（≒ 100kgf）以上数 10 万 N（≒数 10t まで）	500N（≒ 50kgf）以下
作動速度	50 ～ 500mm/s	10 ～ 200mm/s	高　速

【問題 21】 空気圧機器について、適切なものはどれか。

イ　ルブリケータの滴下量は、シリンダ 1 ストロークごとに 1 滴落ちる程度がよい。

ロ　エアフィルタ内のドレン量は、バッフルプレートの下端を上限とする。

ハ　エアシリンダのクッションバルブは、締め込むとクッションが弱くなる。

ニ　空気圧モータは、逆回転では使用できない。

【解説 21】

ハ・ロ　エアフィルタと呼ばれているものは、一般に配管の端末で空気圧機器で駆動機器の直前に取付けられるものを称している。

ａ．接続口径による分類

ｂ．最大流量特性による分類

によって能力的に選択使用されています。

　圧縮空気は、ルーバディフレクタに入り、ここで遠心旋回力を与えられ、この遠心旋回によって水滴、油滴、不純物など質量の大きいものはボウルに衝突してボウルの下方に送られ、バッフルの下部へと降下する。エアフィルタの内部はバッフルによって区切られており、バッフルより上部の遠心旋回する圧縮空気の影響を受けないように配慮されている。

　しかしバッフル近くまでドレンなどが溜まれば、エアフィルタの機能は失われる。このために溜まったドレンを排水するための自動排水器がある。

【問題 22】 空気圧装置に関する記述のうち、適切なものはどれか。

イ　空気圧回路中にサージ圧が発生したので、圧力を下げた。

ロ　空気圧回路の空気漏れ個所を発見するのに、石鹸水を塗った。

ハ　空気圧は、油圧に比べ空気の圧縮性によりシリンダのスピードコントロールがしやすい。

ニ　空気配管の末端方向を高くして設置した。

【解説 22】

イ サージ圧（surge pressure）とは、過渡的に上昇した圧力の最大値のことをいう。

ハ 空気圧は圧縮性があり、蓄積もできるので、大きな力を出せるほか、高速に作動させたり不連続に作動させたりすることはできる。しかし圧縮性のため制御が不正確になる。

【問題 23】下記の記述で、適切でないものはどれか。

イ 空気圧装置にドレン量が多いので、エアドライヤを設置した。

ロ 空気タンクは、空気の脈動を平滑化し急速な空気圧の低下を防ぐ。

ハ パイロット型減圧弁は、直動型減圧弁より圧力制御精度が低い。

ニ 方向制御弁は、電磁操作・空気圧操作・機械操作・手動操作方式がある。

【解説 23】

イ エアドライヤは圧縮空気中の水蒸気を除去して乾燥空気を作るもので、水分除去の方法により、冷凍式と吸着式がある。**図 8-9** に冷凍式ドライヤの基本構造を示す。

図 8-9　冷凍式ドライヤの基本構造

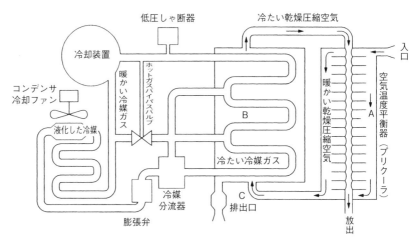

ハ　パイロット型減圧弁は、精度の良い圧力調整が得られるようにパイロット機構を組み込んでおり、直動形の調ばねの代わりに管路内の圧縮空気を利用して調圧する。パイロット型精密減圧弁は、精度が要求される試験装置や検査装置などに用いられている。

【問題24】難燃性の作動油に関する記述のうち、適切でないものはどれか。
イ　難燃性の作動油は、大きく分けて、含水系と合成系がある。
ロ　水―グリコール系の作動油は、潤滑性が悪く、応答性の要求される装置には不向きである。
ハ　脂肪性エステル系の作動油は、ブチル系のシール剤は使用できない。
ニ　W／Oエマルジョン系作動油は、－5℃以下でも使えるように改質してある。

【解説24】図8-10に作動油の分類を示す。

図8-10　作動油の分類

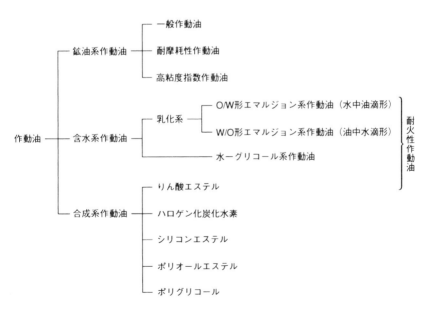

含水系作動油では、鉱油と水のエマルジョン系、水40％とグリコールを主成分とした水－グリコール系に分かれる。合成系では、りん酸エステル系が難燃性に使用されている。

含水系作動油の50％以上が水－グリコール系作動油で、鉱油系に比べて潤滑性が劣り、パッキンや金属を侵すこともある。水－グリコール系作動油は、比重、粘度指数、pHが高く、流動点は低い。pHが高いということは腐食し易いということで、装置に使われる金属、有機材料、塗料には注意が必要である。

【問題25】 空気圧機器に関する記述のうち、適切なものはどれか。

イ　急速排気はシリンダ速度を速くさせる目的で使用する。

ロ　空気圧調整ユニット（3点セット）は、空気流入側からエアフィルタ、ルブリケータ、レギュレータの順に並んでいる。

ハ　直流ソレノイド電磁弁は、交流ソレノイド電磁弁よりもコイルの焼損が生じやすい。

ニ　空気圧モータは、逆回転では使用できない。

【解説25】 複動シリンダは往復いずれの方向へも流体圧によって運動することのできるシリンダをいい、ピストンの両側に交互に流体圧を加えることによって往復運動が行われる。

複動シリンダ作動回路は、手動パイロット弁操作とダブルソレノイド形電磁弁とにより、前進、後退とも給気、排気によって行われる。**図8-11**に示すように、電磁5ポート弁に通電して①がONのとき、エアは②の速度制御弁にフリーに通して複動シリンダの左室に入りピストンを左に動かす。同時に右室のエアは③の速度制御弁の絞り弁を通って電磁弁の排気ポートから大気に放出される。①がOFFになるとエアは③を通って複動シリンダの右室に入り、同時に左室のエアは②の絞り弁を通って①から放出される。電磁弁の通電を止めると、方向制御弁は常にOFFであり、ヘッド側にエアが供給されるのでピストンは右に戻り、シリンダは後退したままの状態に復帰する。

図 8-11　複動シリンダ作動回路

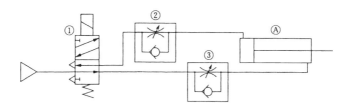

【問題 26】油圧機器に関する記述のうち、適切でないものはどれか。

イ　スプール型方向制御弁でオープンセンタとは、中立位置でポンプがア
　　ンロードになる。

ロ　可変吐出量ベーンポンプは、ローターとリングの偏心量を変えること
　　で吐出量を変える。

ハ　減圧弁は一般に、内部ドレン方式である。

ニ　リリーフ弁は、直動型リリーフ弁とバランスピストン型リリーフ弁に
　　大別できる。

【解説 26】油圧制御弁はすべてスプール構造かシート構造になっている。
スプールは円筒形のすべり面に内接し、軸方向に移動して流路の開閉を行
うもので、くし形弁体ともいわれる。方向制御弁はスプール構造であるが、
圧力制御弁はスプール構造とシート構造の組合わせからなる。スプール弁
は高圧用切換弁として広く用いられている。

　オープンセンタとは、切換弁の中立位置において、圧力口は戻り口およ
び系統の他の部分に通じるバイパス形式になっている。**図 8-12** にオープン
センタ形切換弁の中立位置の記号を示す。

図 8-12　オープンセンタ形切換弁の中立位置の記号

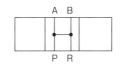

【問題 27】 空圧装置に関する記述のうち、適切でないものはどれか。

イ　エア減圧弁のエア抜き穴からの瞬間的なエア漏れは正常に動作しているときに起こる。

ロ　エア 3 点セットの減圧弁の圧力計の指針が、シリンダ作動時に大きくダウンしたのでエアフィルタのエレメントを清掃した。

ハ　ルブリケータの滴下調整は、その先にあるシリンダが動作している状態で行う。

ニ　エア減圧弁の設定値は圧力変動を考慮し最高値で使う。

【解説 27】

ニ　エア減圧弁の設定値は、圧力変動を考慮して最低の値で使用する。

ハ　ルブリケータの潤滑油が滴下しない原因は、滴下に必要な差圧が発生しないためで、導油部のチェック弁が目詰まりしていることが考えられる。

　ルブリケータの取り付けが逆向きになっていたり、ルブリケータの油槽が破損していることもあります。ルブリケータには全量式と選択式があり、全量式は霧吹きの原理で流路に油を滴下させ油霧（オイルミスト）を作るが、油粒が大きいと 5 〜 10m しか運ばれず、配管の内壁へ付着することもある。

【問題 28】 鉱油系作動油の水分に関する記述の中で間違っている個所はどれか。

　作動油に水分が混入すると、機器内部に （イ）錆の発生や摩耗を促進させたりする。（ロ）水分量は、0.1％以上になると、（ハ）キャビテーション等が発生する。水分の混入による乳化・白濁がないか等点検をしっかり行い、（ニ）水分量が 1.0％以上になったら新油と交換する。

【解説 28】 潤滑油における油分の許容限界は、一般的に 0.1 〜 1.0％を目安にしている。

【問題 29】油圧ホースの取扱いに関する記述のうち、適切なものはどれか。
イ　ホースを直接使用する場合、加圧により変化するので、たるませて取付ける。
ロ　ホースが繰り返し反復運動する場合、取付け部の損傷を防ぐため、ホースをできるだけ短く取付ける。
ハ　ホースの早期疲労が生じないように、直線で張りつめて取付ける。
ニ　ホースが繰り返し反復運動する場合、取付け部の損傷を防ぐため、ホースをできるだけ張りつめて取付ける。

【解説 29】油圧ホース取付けの原則は、たるませて余裕をもって接続することである。短くしたり、張りつめたりして取付ける等はしない。

【問題 30】空気圧回路に使用されている方向制御弁の不具合現象と原因に関する記述のうち、適切でないものはどれか。
イ　弁のスプールが作動しない原因の１つとして、スプールの摺動部への異物かみ込みがある。
ロ　弁のスプールが作動しない原因の１つとして、パイロット流路の詰まりがある。
ハ　排気ポートから空気が漏れる原因の１つとして、スプール部のシールパッキンの傷がある。
ニ　排気ポートから空気が漏れる原因の１つとして、シリンダのロッドパッキンの傷がある。

【解説 30】シリンダのピストンパッキンが損傷すると圧縮空気の一部がロッド側に漏れ、排気ポートから放出される。

9. 非金属および表面処理

【問題1】非金属材料に関する記述のうち、適切でないものはどれか。

イ　セラミック材料は、金属材料よりも熱膨張係数が小さい。

ロ　アルミニウムを主成分とする合金には、ジュラルミン、アルミニウム青銅及びホワイトメタルがある。

ハ　天然ゴムは、合成ゴムに比較し耐摩耗性が劣る。

ニ　フッ素ゴムは、ニトリルゴムより耐熱性に優れている。

【解説1】

イ　セラミック材料の熱膨張係数は（3〜7）× 10^{-6}℃$^{-1}$ に対し、金属材料では鋼で $11 × 10^{-6}$℃$^{-1}$ となる。

ロ　ホワイトメタルは、すずや鉛を主成分としてアンチモン（sb）、銅、亜鉛を加えた合金、アルミニウムには入っていない。

ハ　天然ゴムそのものにも耐摩耗性はあるが、合成ゴムの方がさらに優れている。

ニ　フッ素ゴムは300℃まで、ニトリルゴムは130℃程度である。

【問題2】セラミックスの一般的特徴に関する記述として、適切でないものはどれか。

イ　耐熱性に優れている。

ロ　衝撃に強く、加工が容易である。

ハ　硬く強度がある。

ニ　耐酸性に優れている。

【解説2】セラミック（ceramic）とは、陶磁器、ガラス、レンガなど窯業製品全般のことをいうが、通常、金属の酸化物、ホウ素化物、窒化物、ケイ素化物、炭化物などを材料としたもので、工具材料としての用途がある。Al_2O_3を主成物として結合材を焼結して作られたものとしている。セラミックの特性は、耐摩耗性、耐熱性、耐食性、電気絶縁性などである。その性質を利用して鋼などの表面に無機質を融着させる方法がセラミック・コーティングである。

【問題3】ゴムに関する記述のうち、適切でないものはどれか。

イ　一般に、ゴムは熱の伝導性が悪い。

ロ　合成ゴムのうち、ニトリルゴム、フッ素ゴムは耐油材料として使用できない。

ハ　天然ゴムはオゾンにより劣化する。

ニ　ゴムにカーボンブラックを加えると、耐摩耗性が向上する。

【解説3】

ロ　耐油性のあるゴムもあり、適正に選択すれば効果的である。

【問題4】非金属材料に関する記述のうち、適切なものはどれか。

イ　主な非金属材料には、ガラス・木材・ゴム・プラスチック・セメント
等があるが、アルミナを使ったファインセラミックスはこの材料には
入らない。

ロ　熱可塑性樹脂は、加熱又は重合硬化すると熱可塑性は消失し再度加熱
しても溶融しない。

ハ　熱硬化性樹脂は、固体を加熱すると軟化溶融し、冷却すると再び固体
化する。

ニ　ゴムには、天然ゴムと合成ゴムがあり、耐油性・耐熱性は合成ゴムの
ほうが優れている。

【解説4】

イ　ファインセラミックスは非金属材料に入る。

ロ、ハ　問題2で説明した通りだが熱可塑性樹脂は加熱すると軟化溶融し
冷却すると再び固化する。可逆的に変化する。熱硬化性樹脂は加熱又は重
合硬化すると固体化し、再度加熱しても溶融しない温度変化に非可逆的で
ある。

【問題5】プラスチックの一般的性質として、適切なものはどれか。

イ　耐食性、防湿性は優れているが、耐熱性は低い。

ロ　熱、電気を伝え易く、熱膨張率が小さい。

ハ　燃えにくい物が多く、紫外線、酸素、オゾンにも劣化しない。

ニ　表面硬さが高いので傷がつきにくく、曲げ荷重のかかる用途にも優れ
ている。

【解説5】

イ　プラスチックは分子性の材料であるため、無加工料や金属に比べて、
本質的に熱に弱い。

ロ　それぞれの性質については、まったく逆である。

ハ　紫外線、酸素、オゾンに劣化しやすい。

ニ　機械的性質では、一般的に金属材料に比べて劣る。

【問題6】金属材料の表面処理に関する記述のうち、適切でないものはどれか。

イ 酸洗いは、熱処理に生じたスケールや放置期間に生じたさびの除去を目的とする。

ロ 電解洗浄は、電解により素材表面の固形物を洗浄する方法である。

ハ 酸処理におけるエッチングは、変質層の除去を目的とする。

ニ 金属表面の前処理方法として、一般に、無機性の汚れは脱脂で、有機性の汚れは、酸洗いで除去する。

【解説6】

ニ 無機性の汚れは酸洗い、有機性の汚れは脱脂によって除去する。

【問題7】 表面処理に関する記述として、適切でないものはどれか。

イ ショットピーニングは、鋼鉄製の小粒子を被加工物の表面に強く吹き付けて、表面を硬化する冷間加工である。

ロ 浸炭焼入れは、鋼の 5mm 以上の内部まで硬くする熱処理法である。

ハ 電気めっきは、金属皮膜処理である。

ニ 溶射は、金属や合金又は金属の酸化物などを溶融状態にして、素材に吹き付けて皮膜をつくる表面処理である。

【解説7】

イ ショットピーニングとは、金属材料の疲労強度を増すために金属または非金属の小球を材料表面に噴射し、圧縮硬化する方法のことである。繰り返し荷重を受ける回転軸やその周辺部の加工に使用される。

ロ 浸炭焼入れは、炭素量が 0.25％以下という低炭素鋼や低炭素の合金鋼の表面に、炭素を侵入させて、表面の炭素量を多くすることにより焼入れ硬化する熱処理法をいう。

ハ 電気めっきは、めっき液の中にクロム、亜鉛、すずなどのめっきする材料と、めっきされる金属を陰極（－）にして直流電流を流し、電解によって金属製品の表面に金属の薄い膜を作る方法をいう。

ニ 溶射法は、金属セラミック材を溶融し、これを高速で基材表面に吹付け、

被覆する方法である。被覆材料を溶融する熱源により、ガス式・アーク式・プラズマ式および爆発式に大別される。

【問題8】金属材料の表面処理に関する記述のうち、適切でないものはどれか。
イ　化学蒸着法（CVD）と物理蒸着法（PVD）は、表面処理法である。
ロ　一般にショットピーニングにより、金属の疲労強度は向上する。
ハ　電気めっきの厚みは、通電時間と両極（陰極と陽極）間電圧によって決まる。
ニ　一般に浸炭による硬化層の厚みは、窒化による硬化層よりも厚い。

【解説8】
ハ　めっきの厚さは、通電時間と電流密度によって決まる。電圧ではない。

【問題9】金属材料の表面処理に関する記述のうち、適切なものはどれか。
イ　電気めっき法では、めっきされる金属製品を陽極とする。
ロ　鋼の熱処理による表面硬化法として、窒化や浸炭がある。
ハ　鋼を酸洗いすると、表面に酸化皮膜ができ、錆を防止する。
ニ　鋼材の黒皮（ミルスケール）は、ワイヤブラシで十分に除去できる。

【解説9】
イ　電気めっき法では、めっきされる金属製品を陰極とする。
ハ　酸化皮膜は、金属表面が空気に触れて酸素と反応し、極薄の不導体皮膜を生じることである。酸洗いは、酸化皮膜や赤錆を取り除くことである。
ニ　黒皮（ミルスケール）は、ショットブラストやサウンドブラストで取り除く。ワイヤブラシでは除去できない。

10. 力学および材料力学

【問題1】力学の基礎知識に関する記述のうち、適切でないものはどれか。

イ　物体が t 秒間に ℓ m動いたとき、その平均速度は $\dfrac{\ell}{t}$（m／秒）である。

ロ　物体に力を働くと、その力の方向に等速度を生じる。

ハ　速度の変化の時間に対する割合を加速度という。

ニ　力のモーメントは、ある支点について力の大きさと腕の長さの積で表される。

【解説1】ここでは、物体の速度、加速度の問題が提示されている。速度、加速度について解説する。

（1）速度

　物体の運動の程度を示す量を「速さ」といい、単位時間に物体が移動した距離で表す。たとえば運動をしている物体が 10 秒間に 50 m移動した時の速さは、5 m /sec となる。物体の速さは、ある時間中に物体が運動した距離を時間で割った値である。これを「線速度」という。

　速さVは、　V＝S／t　　　S：距離　　　t：時間

　等速でない運動をしている物体の各瞬間の速さは、物体の移動した距離を、その時間で割った値で表し、これを「位置の速さ」という。速さの単位は、通常m /sec、 k m／h などが用いられる。

（２）加速度

　物体が速度を変化しながら運動する場合は、その変化の程度を示す量を加速度という。加速度には、正（＋）、負（－）の２種類があり、しだいに速度を増していく場合が正の加速度、減少していく場合が負の加速度である。

　図 10-1 において、A点を通過するときの速度をV_0とし、一定の割合で速度が増加して t 秒後に B 点を通過するとき速度がV_1になったとすれば、加速度αは、

$$\alpha = \frac{V_1 - V_0}{t}\ (\text{m/sec}^2)$$

である。V_0、V_1：m /sec とする。

　例えば、自動車の速度を 10 秒間に 5 m /sec から 10 m /sec に上げたとすると、加速度αは、$\alpha = 10 - 5/10 = 0.5$（m /sec^2）である。

図 10-1　加速度

　二は「仕事」の問題である。

　物体に力が作用して、その物体に運動を与えた場合に、この力は仕事をしたという。仕事の大きさは、力の大きさと力の方向に動いた変位との積で表す。Fの力によって、その方向にSの変位をしたとすると、力によってなされた仕事Wは、W＝F×Sとなり、単位は kg・m、kg・cm などで表す。

　慣性について、外力が作用していない物体は静止または等速直線運動を行う。外力が作用すると、外力による運動状態に対して、静止または等速直線運動を続けようとする力学的性質が現れる。これを慣性という。

　弾性について、外力が働くと多くの固体は変形を生じる。この変形はある限度内では外力が除去されると変形が消えて元に戻る。この性質を弾性という。これは応力－ひずみの過程ということもでき、この過程において完全に弾性的な性質が保たれる範囲を弾性域といい、その限界を弾性限界という。

【問題2】 材料力学に関する記述のうち、適切でないものはどれか。

イ　長さ1mの丸棒を引っ張ったところ、0.3mm伸びた。このときの縦ひずみは、0.0003である。

ロ　応力−ひずみ線図において、比例限度までは、応力とひずみは正比例する。

ハ　金属材料に荷重を繰り返し作用させると破壊することがある。これを材料の疲れ破壊という。

ニ　圧縮コイルばねに荷重がかかり、ばねが縮むときにばね材に生ずる応力は、主として圧縮応力である。

【解説2】 応力−ひずみ線図とは材料に外力を作用させたとき、生じる応力とひずみとの関係を図示したものをいう。（図10-2）
　ばねが縮むときに生じる応力はせん断応力である。

図10-2　応力 - ひずみ線図

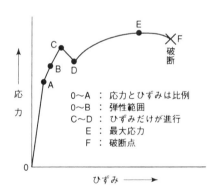

【問題3】下図の応力－ひずみ線図（軟鋼）において、表れるポイントA～Fの組合せとして、適切なものはどれか。

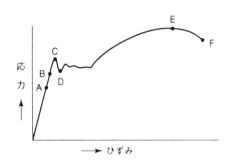

	A	B	C	D	E	F
イ	比例限度	弾性限度	上降伏点	下降伏点	極限強さ	破断点
ロ	弾性限度	比例限度	引張強さ	降伏点	最大荷重	破断点
ハ	弾性限度	引張強さ	比例限度	下降伏点	最大荷重	破断点
ニ	比例限度	弾性限度	引張強さ	降伏点	極限強さ	破断点

【解説3】問題の荷重－伸び線図と比べれば、（1）は軟鋼であり（2）は黄銅なので、**イ**が正解である。

　銅、銅合金、アルミニウム、アルミニウム合金、亜鉛、すず、鉛などは、**図10-3**の図中（2）に示すような応力ひずみ線図を描き、降伏点が明らかには現れない。その他、鋳鉄、特殊鋼も、降伏点が明らかでない。

図10-3　応力 - ひずみ線図

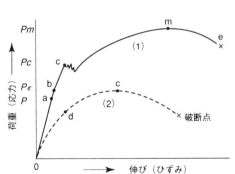

【問題4】 力学に関する記述のうち、適切でないものはどれか。

イ　チェーンブロックは、差動滑車の原理を応用したものである。

ロ　てこを応用した工具で、腕の長さを2倍にすると、加える力は半分でよい。

ハ　不規則な形状での部分に生じる、極めて大きな応力を応力集中という。

ニ　力の大きさが等しければ、腕の長さが短くなると、モーメントは大きくなる。

【解説4】

イ　差動滑車とは、径の違う大輪Dと小輪dを共通の軸に固定した段滑車と動滑車を鎖で連結したもので、Dとdの差を大きくすれば、小さい力で重量物を持ち上げることができる。重量をWとすると引き上げる力Fは、

$$F = [(D - d) / 2D] \times W$$

で表される。

ハ　軸の段付き、キー溝からき裂が入り、折損したり軸や板に溝や切欠き、穴があいている場合、応力は溝、切欠き、穴の周囲で増大する。この現象を応力集中という。

ニ　モーメントは力×腕の長さで求められる。したがって長さが短くなればモーメントは小さくなる。

【問題5】 下図において、釣合いが取れるFの力はいくらか。

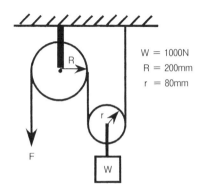

W = 1000N
R = 200mm
r = 80mm

イ　250N

ロ　333N

ハ　500N

ニ　1000N

【解説5】ポイントは、

①動滑車を1個使うと荷重が1/2になり、一方では上下の移動距離は2倍になること。

②静（固定）滑車は単に荷重の方向を変えるのみの機能である。この2点さえ承知していれば、あとは応用動作で解答できる。

　本題の場合は、動滑車1個の使用だから荷重Wは1/2、すなわち、W＝1000 Nの1/2で、500 Nが答えとなる。

【問題6】下図において、バランスを保つ荷重Wの値として、適切なものはどれか。

イ　3 N
ロ　5 N
ハ　10 N
ニ　15 N

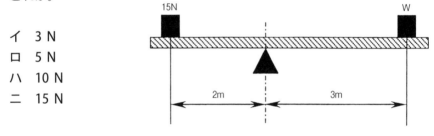

【解説6】中間に支点のある梁（はり）の問題である。この解答のポイントは、支点を挟んで、左と右のはりの回転モーメントが平衡を保つという条件で解く。

　本問のときは、$\begin{cases} \text{左側のモーメントは } 15 \text{ N} \times 2 \text{ （m）} \\ \text{右側のモーメントは W} \times 3 \text{ （m）} \end{cases}$

　これがバランスを保つために、

　　$15 \text{ N} \times 2 = \text{W} \times 3$

となり、この式から、

　　$\text{W} = 15 \text{ N} \times 2/3 = 10 \text{ N}$

を得る。

【問題7】 下図のような丸棒に引張り荷重をかけた場合、外径Dの断面に生じる応力σ_1と外径dの断面に生じる応力σ_2との比として、適切なものはどれか。

$$\sigma_1 : \sigma_2$$

イ　1：1
ロ　1：2
ハ　1：3
ニ　1：4

【解説7】 それぞれの上下の断面についての応力を求める。

①上部直径Dの応力σ_1を求める。

$$\sigma_1 = \frac{W}{\dfrac{\pi}{4} \cdot D^2} \quad \cdots\cdots\cdots ①$$

②下部直径dの応力σ_2を求める。

$$\sigma_2 = \frac{W}{\dfrac{\pi}{4} \cdot d^2} \quad \cdots\cdots\cdots ②$$

この場合、$d = \dfrac{D}{2}$　だから、

$$\sigma_2 = \frac{W}{\dfrac{\pi}{4} \cdot \left(\dfrac{D}{2}\right)^2}$$

$$= \frac{4W}{\dfrac{\pi}{4} \cdot D^2} = 4 \cdot \sigma_1$$

すなわちσ_2はσ_1の4倍となる。

【問題8】機械を構成する部材に引張荷重が働く場合に関する記述のうち、適切なものはどれか。

イ　荷重が一定のとき、引張応力は断面積に比例する。

ロ　断面積が一定のとき、引張応力は荷重に比例する。

ハ　引張応力は、同じ断面積ならば中実軸と中空軸では中実軸のほうが大きい。

ニ　引張応力が同じならば、断面積に関係なく同じ荷重が働いている。

【解説8】荷重W、引張応力 σ （シグマ）、断面積Aとすると、

イ
$$\sigma = \frac{W}{A}$$

で求められ、σ はAに反比例する。

ロ
$$\sigma = \frac{W}{A}$$

であって、σ はWに比例する。

ハ　①中実軸の直径d、②中空軸の直径外径 D_1、内径 D_2 とする。

①の場合の引張応力

$$\sigma_1 = \frac{W}{\frac{\pi}{4} \cdot d^2}$$

②の場合の引張応力

$$\sigma_2 = \frac{W}{\frac{\pi}{4} (D_1^2 - D_2^2)}$$

ここで与えられた条件は、分母の値が等しい。同じ断面積ということであるから、$\sigma_1 = \sigma_2$ を得て、引張応力は同じである。

ニ
$$\sigma = \frac{W}{A}$$

において、σ はWに比例し、Aに反比例であって、この説明は成り立たない。

　以上の結果から、**ロ**が適切である。

【問題9】材料力学に関する記述のうち、適切でないものはどれか。

イ　許容応力とは、機械部品が使用中に破壊したり、使用に耐えられないほどの変形を起こさない最大応力である。

ロ　応力―ひずみ線図で、応力の最大点は材料が耐え得る最大応力を示しており、この値を引張強さまたは極限強さという。

ハ　安全率とは、材料の基準強さ（引張強さ、降伏点、疲れ強さなど）を許容応力で除したものである。

ニ　交番荷重が作用する場合の安全率は、繰り返し荷重が作用する場合よりも小さくとる。

【解説9】繰り返し荷重は方向が同じ荷重の繰り返し、交番荷重は方向が異なる荷重の繰り返しのため、材料が疲労しやすいので、交番荷重の方が安全率を大きくする。

【問題10】材料力学に関する記述のうち、適切なものはどれか。

イ　瞬時の間だけ作用する荷重を静荷重といい、衝撃的な荷重となる。

ロ　応力集中とは、切欠き溝のように形状が急に変わる部分においては、局部的に応力が0になる箇所が発生する現象である。

ハ　はりの曲げ応力は断面積が同じであっても断面係数が異なれば違う値になる。

ニ　モーメントの大きさは、下記の式で求められる。
　　　モーメント（M）＝力（F）×速度（V）

【解説10】

イ　瞬時の間だけ作用する荷重は、衝撃荷重という。

ロ　応力集中とは、物体の形状変化部で局部的に応力が増大する現象のことである。

ニ　モーメントの大きさは、力（F）×距離や腕の長さ（L）で求める。

11. 図示法・記号

【問題1】日本工業規格（JIS）の油圧及び空気圧用図記号におけるドレン排出器付きフィルタ記号として、適切なものはどれか。

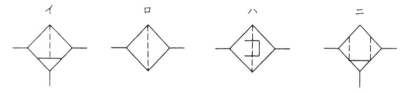

【解説1】表11-1参考図に示す。

【問題2】日本工業規格（JIS）の油圧及び空気圧用図記号における揺動形アクチュエータの記号として、適切なものはどれか。

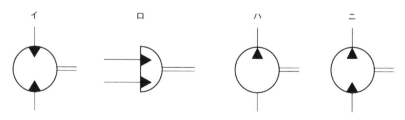

【解説2】
ロ　これは JIS B 0125 に規定されている表11-2に示す。

表 11-1 流体調整器

番号	名称	記号
17-1	フィルタ	
17-2	ドレン排出器	
17-3	ドレン排出器付きフィルタ	
17-4	オイルミストセパレータ	
17-5	エアドライヤ	
17-6	ルブリケータ	

表11-2　ポンプ及びモータ

番号	名称	記号
7-1	ポンプ及びモータ	油圧ポンプ　空気圧モータ
7-2	油圧ポンプ	
7-3	油圧モータ	
7-4	空気圧モータ	
7-5	定容量形ポンプ・モータ	
7-6	可変容量形ポンプ・モータ（人力操作）	
7-7	揺動形アクチュエータ	

【問題3】 線による図示法についての記述のうち、適切でないものはどれか。
イ　破断線を表すには、太い実線を用いる。
ロ　断面にほどこすハッチングは、細い実線を用いる。
ハ　歯車のピッチ円は、細い一点鎖線で表す。
ニ　歯車の歯すじ方向は、3本の細い実線で表す。

【解説3】
イ　製図における線の用途は次のようである。
　　外形線・・・・太い実線。見える部分の形状を表す。
　　かくれ線・・・細い破線。または太い破線。見えない部分を表す。
　　中心線・・・・細い一点鎖線。または細い実線。
　　寸法線・・・・細い実線。寸法記入のため用いる。
　　引出し線・・・細い実線。指示するために用いる。
　　切断線・・・・細い一点鎖線とし、その両端および屈曲部などの要所
　　　　　　　　　　は太い線。両端に投影方向の矢印。
　　破断線・・・・細い実線。品物の破断部を表す。
　　想像線・・・・細い二点鎖線。
　　ピッチ線・・・細い一点鎖線。歯車などのピッチ円を示す。
　　このことから破断線は細い実線によって表す。
ハ　歯車を図示するときは**図11-1**のように図示する。

図11-1　歯車の表し方

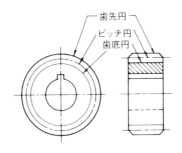

この場合の線の使い方は、
（1）歯先円　・・・太い実線
（2）ピッチ円・・・細い一点鎖線
（3）歯底円　・・・細い実線
　ただし、軸に直角な方向から見た図を断面で図示するときは、太い実線で表す。なお、歯底円は記入を省略してもよく、特に「かさ歯車」及びウォームホイールの軸方向から見た図（側面図）では、原則として省略する。

【問題４】 機械製図で用いられる投影図の種類のうち、日本工業規格（JIS）にないものはどれか。
イ　補助投影図
ロ　回転投影図
ハ　部分投影図
ニ　直交投影図

【解説４】 JIS B 0001 には補助投影図、回転投影図、部分投影図、局部投影図が規定されている。直交投影図というものは規定されていない。

2級解答

［真偽法］

1. 機械一般
【1】× 【2】○ 【3】× 【4】○ 【5】○ 【6】○ 【7】○ 【8】○ 【9】○
【10】× 【11】○ 【12】× 【13】×

2. 電気一般
【1】○ 【2】○ 【3】○ 【4】× 【5】× 【6】× 【7】× 【8】○ 【9】○
【10】○ 【11】× 【12】○ 【13】○ 【14】× 【15】○ 【16】× 【17】×
【18】× 【19】× 【20】×

3. 機械保全法
【1】○ 【2】○ 【3】× 【4】○ 【5】○ 【6】○ 【7】○ 【8】× 【9】○
【10】× 【11】× 【12】× 【13】○ 【14】○ 【15】× 【16】○ 【17】○
【18】○ 【19】○ 【20】× 【21】× 【22】× 【23】× 【24】○ 【25】○
【26】○ 【27】○ 【28】○ 【29】× 【30】×

4. 材料一般
【1】× 【2】× 【3】× 【4】× 【5】○ 【6】× 【7】○ 【8】× 【9】○
【10】○ 【11】× 【12】○

5. 安全・衛生
【1】○ 【2】○ 【3】× 【4】× 【5】× 【6】○ 【7】○ 【8】○ 【9】○
【10】○

［択一法］

1.機械要素
【1】ニ【2】ニ【3】ロ【4】ハ【5】イ【6】イ【7】ロ【8】ロ【9】ハ
【10】ニ【11】ハ【12】ニ

2.機械の点検
【1】ハ【2】ニ【3】ハ【4】ニ【5】イ【6】イ【7】ロ

3.異常の発見と原因
【1】ロ【2】イ【3】ハ【4】ロ【5】イ【6】ハ【7】ロ【8】ハ

4.対応措置
【1】イ【2】ハ【3】ハ【4】ハ【5】イ【6】イ【7】ロ【8】ニ

5.潤滑・給油
【1】ニ【2】ニ【3】ロ【4】ハ【5】ハ【6】ニ【7】ニ【8】イ【9】ロ
【10】ハ

6.機械工作法
【1】ロ【2】ハ【3】ロ【4】ハ【5】ニ【6】ハ【7】イ【8】ニ

7.非破壊検査
【1】ハ【2】ニ【3】ハ【4】ニ【5】イ【6】ニ【7】イ【8】イ

8.油圧・空気圧
【1】ハ【2】ニ【3】イ【4】イ【5】ハ【6】ハ【7】ニ【8】ニ【9】ハ
【10】ハ【11】ニ【12】ロ【13】ハ【14】ニ【15】ニ【16】ハ【17】ロ
【18】イ【19】ロ【20】ロ【21】ロ【22】ロ【23】ハ【24】ニ【25】イ
【26】ハ【27】ニ【28】ニ【29】イ【30】ニ

9. 非金属および表面処理
【1】ロ【2】ロ【3】ロ【4】ニ【5】イ【6】ニ【7】ロ【8】ハ【9】ロ

10. 力学および材料力学
【1】ロ【2】ニ【3】イ【4】ニ【5】ハ【6】ハ【7】ニ【8】ロ【9】ニ
【10】ハ

11. 図示法・記号
【1】イ【2】ロ【3】イ【4】ニ

技能検定1・2級
きかいほぜん　　　　　　　がっかれいだいもんだいしゅう　　　きかいへん
機械保全の学科例題問題集　機械編

令和2年7月10日　初　版　　第1刷

著　者　　機械保全研究委員会
発行者　　小野寺隆志
発行所　　科学図書出版株式会社
　　　　　東京都新宿区四谷坂町 10-11　　　TEL　03-3357-3561
印刷 / 製本　昭和情報プロセス株式会社
カバーデザイン　加藤敏彰

©2020　機械保全研究委員会　編

ISBN　978-4-903904-97-9　C3053

Printed in Japan